计算机辅助翻译

Computer Aided Translation

主编◎王宝川

编者◎王宝川　罗小蓉

　　　干昭君　谭钦菁

　　　张秀琼

主审◎温宗全

重庆大学出版社

内容提要

本书突出应用翻译"精练、实用和简便"的特点,从三个方面:机辅翻译的介绍,翻译软件的操作以及翻译的流程进行了讲解。全书共11章,从理论到操作、整体到部分的顺序进行了讲解,注重计算机辅助翻译的时间操作,同时也涉及相应的翻译理据,使读者不但能立马上手照书操作,还能对操作的内容能有理性的认识,突出了应用翻译易懂、易学以及易用的特点。

图书在版编目(CIP)数据

计算机辅助翻译:英文 / 王宝川主编.--重庆:
重庆大学出版社,2018.11(2023.1 重印)
ISBN 978-7-5689-1270-9

Ⅰ.①计… Ⅱ.①王… Ⅲ.①自动翻译系统—英文
Ⅳ.①TP391.2

中国版本图书馆 CIP 数据核字(2018)第 163662 号

计算机辅助翻译
JISUANJI FUZHU FANYI

主 编 王宝川
责任编辑:高小平   版式设计:高小平
责任校对:刘志刚   责任印制:赵 晟

*

重庆大学出版社出版发行
出版人:饶帮华
社址:重庆市沙坪坝区大学城西路 21 号
邮编:401331
电话:(023) 88617190   88617185(中小学)
传真:(023) 88617186   88617166
网址:http://www.cqup.com.cn
邮箱:fxk@ cqup.com.cn(营销中心)
全国新华书店经销
POD:重庆新生代彩印技术有限公司

*

开本:787mm×1092mm   1/16   印张:13   字数:219千
2018 年 11 月第 1 版   2023 年 1 月第 2 次印刷
ISBN 978-7-5689-1270-9   定价:45.00 元

本书如有印刷、装订等质量问题,本社负责调换
版权所有,请勿擅自翻印和用本书
制作各类出版物及配套用书,违者必究

前　言

步入 21 世纪信息时代以来,全球化趋势不断加强,国际交流不断加深,翻译需求量日渐增加,耗时费力的人工翻译已经不能胜任如此巨大的翻译需求量,计算机辅助翻译(computer-aided translation,简称 CAT)便由此应运而生,计算机辅助翻译具有比人工翻译更显著的快捷高效的操作优势,同时为译员提供了巨大的便利,更重要的是,由于其符合信息时代的高效率和高产出的要求而逐渐得到人们的重视。

计算机辅助翻译课程是一门以电脑操作为辅,人工翻译为主的课程。自 2006 年我国开设翻译教育专业以来,不论是本科还是硕士阶段的课程设置中,都有"计算机辅助翻译"及其相关课程,此举旨在将现代翻译技术教授给学生,使其熟练翻译操作流程并快速产出高质量的译文。但在实际教学过程中,学生及任课老师都缺乏相应的、充分的教学材料,本书的编纂突出翻译的实用性,对烦琐的理论进行了简化,着重翻译实训、实战的应用,同时兼顾相应的翻译理论讲解,编者希望此书的出版可以对从事计算机辅助翻译课程的师生及其他读者都有所帮助。

本书共有十一章,整本书各个章节都是按照理论到操作、整体到部分的顺序进行编写,每章节所涉及内容各有特点。编者在编写过程中从学生的角度出发,全面考虑了学生在学习此课程可能遇到的问题,比如,对相关概念的理解问题,操作流程的理性认识以及课后练习与巩固的问题,本书对这些问题都有相关的介绍与解答。根据具体的教学环境与授课要求,对内容进行详细注解,并且设计了课后练习,利于学生巩固知识,反思内容。

在此特别致谢各位参与本书编写的人员，温宗全院长在编书前按照学院《3+1 应用型外语人才培养模式创新实验区》的总体规划，就机辅翻译的应用型目标给出了宏观指导，并提供了很多可行性的建议；张金陵教授为本书中的翻译的标准、流程以及理论也提供了很多创设性的建议。本书编写人员有王宝川、罗小蓉、干昭君、谭钦菁和张秀琼。其中，王宝川负责全书大部分章节的编写，罗小蓉负责第二章的编写，干昭君负责第七章的编写，谭钦菁负责编写第八章，张秀琼和王宝川共同负责编写了第十一章。本书相关章节的翻译文本示范，一部分原文来自专八等公共网络资源，一部分来自王宝川老师的翻译稿件，该部分内容已隐去公司客户信息并做了适当改动以利于教学，还有学生的课堂训练作业。本科生李文静、刘露、余丽、曹懿等学生参与了相关资料的收集、讨论以及后期的文字整理等工作。

由于编写本书时间仓促，编者水平有限，并且所涉及的领域包括信息技术、翻译理论、翻译实训以及翻译教学等方面，研究和探讨的内容与时俱进，处于不断变化的过程，因此，书中难免存在疏漏和不妥之处，还请各位专家、同行和广大使用者批评指正。

王宝川

2018 年 6 月

重庆师范大学涉外商贸学院

目　录

参考文献

第一章

计算机辅助翻译概述

随着全球化趋势不断加强,国际交流不断加深,科技的进步与发展,翻译的需求量日渐增加,市场上也随之出现了各种各样的计算机辅助翻译软件,计算机辅助翻译在翻译领域的运用也日趋广泛,其发展前景也非常值得期待。

计算机辅助翻译(Computer Aided Translation,简称 CAT)是从机器翻译(Machine Translation,简称 MT)发展而来,革新了传统的手工翻译,逐渐趋向于计算机辅助翻译,它能为翻译人员提供巨大便利和帮助,使译员掌握现代翻译技术,优化翻译过程,译文产出速度又快、质量又好。同时计算机辅助翻译也对传统手工翻译产生了巨大冲击,但在这一革新的过程中我们也领略到了手工翻译与机器翻译各自的魅力之处。本章节将详细介绍计算机辅助翻译的相关内容。

第一节　计算机辅助翻译和机器翻译

计算机辅助翻译的发展经历了无数的曲折道路,尤其是计算机辅助翻译的前身——机器翻译(Machine Translation,MT),由于其自身发展的不足,更是受到了外界的批评与质疑。在多数高校,不少学生,甚至教师均对这项技术的认识有一定的局限,如将计算机辅助翻译与机器翻译等同或认为计算机辅助翻译会完全替代人工翻译等。如果我们不彻底摒弃这些错误的认识,那么这种观念就会阻碍计算机辅助翻译的发展。要使计算机辅助翻译为翻译技术提供有效的帮助,我们首先必须弄清楚什么是计算机辅助翻译。

（一）计算机辅助翻译

计算机辅助翻译（Computer Aided Translation，CAT）广义上指能够辅助译员翻译的所有计算机翻译工具，包括处理文字、转化格式、电子字典等。狭义上指专为提高翻译效率、优化翻译流程而设计的专门的计算机翻译辅助软件。它的核心技术在于翻译记忆，译者在大量的翻译实践中积累，并逐渐建立起强大的语料库。语料库的建立是翻译的重要准备工作，这一步骤非常关键，只有语料库建立得准确无误，才可以进行后期的翻译工作，如果在翻译中遇到重复或者相似的句子就可以在语料库中搜索查找并译出。关于计算机辅助翻译的概念，国内外专家学者都对其有公开论述。

1. 国外学者观点

Quah（2006）对计算机辅助翻译的认识包含两点：一是 CAT 工具开发者习惯将其称为"机器辅助翻译"（Machine-aided/-assisted Translation，MAT），它翻译和研究各类语言，将各个领域专业术语进行本土化；二是人助机译（Human-assisted Machine Translation，HAMT）与机助人译（Machine-assisted Human Translation，MAHT），这二者其实并无明显界限，均属 CAT 范畴。他认为 CAT 应包括翻译工具、语言工具以及翻译记忆系统、电子词典和语料检索工具等。

Bowker（2002）认为机器翻译与计算机辅助翻译的主要区别在于翻译过程的主导者。机器翻译完全依赖于计算机，所以机器翻译又被称为自动翻译；而计算机辅助翻译则主要依靠人工译员，再利用各类计算机化工具辅助翻译，提高翻译效率。Bowker 认为广义 CAT 技术是指译员在翻译过程用到的一切计算机化工具，如文字处理器、文法检查程序及互联网等。

2. 国内学者观点

俞劲松、王华树（2010）从宏观角度认为 CAT 应包括语言服务项目执行过程的信息环境与信息技术，网络搜索与电子资源、主流翻译辅助工具和本地化翻译、项目管理系统、辅助写作及校对工具等多方面的内容。

钱多秀（2011）认为 CAT 由 MT 或计算机翻译发展而来，也可称为机器辅助翻译（MAT）。当前主流 CAT 工具的核心技术是翻译记忆，并与附带或独立的术语管理和翻译流程管理工具结合使用，以优化翻译流程。

（二）机器翻译

　　20 世纪 70 年代到 80 年代末是机器翻译的复苏期,在这一时期,计算机技术得到了空前的发展,机器翻译又重新得到重视。随着科学技术的不断进步,计算机的发展越来越趋向智能化,人们对翻译的要求也越来越高,使得人们越来越意识到计算机翻译的重要性。机器翻译的改进已经成为必然趋势,所以比机器翻译优势更明显的计算机辅助翻译便由此演变而来。而随着市场经济的发展,商务的融合和国际化交流的加强,企业和社会对于应用性翻译的需求也随之越来越大,例如汽车行业的蓬勃发展也刺激了汽车行业的翻译需求。通过百度搜索汽车翻译招聘,就可以看到很多相关的帖子:

　　同时经济的繁荣会催生商务的发展,进而进行商务的交流与合作,由此就牵涉各国相关的法律关系,由于各国的体制、文化、习惯和背景存在很多的差异,国家层面也需要对相应的法律法规做外宣翻译以让外方了解我国的投资环境和优势,因此相应的法律翻译需求也大大增加,请看下面的搜索截图:

普遍来说,没有仔细研究过计算机辅助翻译这门学科的人,均会把计算机辅助翻译与机器翻译这两种翻译方式等同起来。为了便于我们学习计算机辅助翻译这门课程,我们必须弄清楚什么是机器翻译。

机器翻译(Machine Translation,MT)是利用计算机及其软件系统,把源语言的文本或语音转化为目标语言的文本或语音的过程,它的不足之处在于死板地使用词典以导致译文准确性较低,句子表达不地道,所得到的目标语言往往与源语言所想表达的意思不符。

机器翻译与计算机辅助翻译有着本质上的区别,前者是以机器如手机、计算机等电子设备作为主导者,所以它又被称为自动翻译;后者是计算机在翻译过程中将其自身建立的记忆库作为辅助,译员为主导;后者在效率以及质量方面都有了非常大的提高,译员的工作效率也得到了极大的提高。计算机辅助翻译不只是简单的机器翻译,它类似于机器翻译的同时又区别于机器翻译,其不同主要体现在计算机辅助翻译软件强调的是储存与提取。在翻译过程中,计算机辅助翻译主要发挥的是辅助的作用,真正起主导作用的是译员,译员通过整理与导入语料库,在翻译过程中融入自身知识使译文达到高质量的效果,并且在提取内容的时候,也需要译者结合翻译文本进行分析再提取所需要的部分。

计算机辅助翻译软件不仅仅是机器翻译,翻译过程以人工翻译为主,软件起辅助作用。这两种翻译相结合的翻译方式是较为完善的翻译,完美地结合了两种翻译的优点,让译文达到最好的效果,所以如今越来越多的译者在翻译时选择计算机辅助翻译软件。与此同时,越来越多的计算机辅助翻译软件出现在市面上,因而在选择的时候需要权衡哪款辅助翻译软件更适合译员。只有这样,使用软件翻译的时候才能得心应手,从而提高翻译效率和翻译质量。机器翻译和计算机辅助翻译是不同的,容易与计算机辅助翻译混淆的概念还有很多,译者不能将这些概念混为一谈,下表列出了容易混淆的中英文相关概念。

英文缩写	英文全称	汉语释义
HT	Human translation	人工翻译
AT	Automatic translation	自动翻译
MT	Machine translation	机器翻译
CT	Computer translation	计算机翻译
MAT	Machine-aided/-assisted translation	机器辅助翻译
CAT	Computer-aided/-assisted translation	计算机辅助翻译

第二节　计算机辅助翻译的优点

据 2008 年的一项互联网在线调查显示,翻译过程中大约有 66% 的译员会采用计算机辅助翻译工具,主要目的是提高翻译工作效率。由此可见,辅助翻译软件在翻译领域中的地位不容小觑,这都源于科技的发展和社会对高效快捷的翻译技术的需求。同时海外贸易的发展和海外交流的频繁,进一步增加了翻译的工作量。由于人的工作量有限,如果超过了正常工作量就会导致人体失去平衡,出现失误,这时就需要翻译软件的辅助,帮助译员减轻工作量,从而提升翻译效率。

说到计算机辅助翻译工具的同时我们也会想到机器翻译工具,两者其不同之处在于机器翻译百分之百由机器进行翻译,而计算机辅助翻译是以人为主,工具为辅。在使用计算机辅助翻译软件的过程中,我们会慢慢地了解到这些软件的优势,比如在操作环节上,手工翻译只能机械地通过搜索大脑中的语料进行翻译,翻译之后没有保存的功能,而计算机辅助翻译软件可以通过大量的翻译实践建立其强大的语料库以便于从中寻找下次翻译所需要的语料,这就进一步体现了计算机辅助翻译软件独特的优势。

(一) 翻译记忆与拓展思路

在计算机辅助翻译软件的使用人群中,不仅有专业的翻译人员,也有非专业的学习者和使用者。在翻译过程中可能在翻译的时候会出现某些句子的选词及表达无思路的情况,这时译者就可以通过计算机辅助翻译软件来解决此问题。

计算机辅助翻译弥补了早期机器翻译的不足,形成了自身的一种优势——翻译记忆。翻译记忆是计算机辅助翻译的核心技术,它将已有的译文储存在语料库中,当再次进行翻译工作时,通过相关词条的检索,在已经建立好的语料库中通过完全匹配或模糊匹配为译者提供译文参考。语料库的建立,在一定程度上减轻了后期的翻译工作难度和复杂性。一方面,它极大地提高了翻译效率和翻译质量;另一方面,它确保了翻译风格与术语的一致性,便于多人协作。对于大多数翻译公司而言,使用同样的语料库便于团队协作,保证译文风格一致,同时也能保证译文质量。

它还有一个显著优点,即为译者提供翻译思路。尽管计算机辅助翻译软件所提供的有些词和句不符合语境,但是有了翻译思路,就有更好的翻译方向,再加上译者对语句的调整,就可让翻译内容达到令人满意的效果。

科技水平的迅速发展和网络的逐渐普及,提高了计算机辅助翻译软件的研发和使用,其中 SDLTrados 最为常见。例如,在 SDLTrados 搜索引擎中输入简单的单词"father",系统就会出现很多的例句。如常见的谚语"Like father, like son."(虎父无犬子)。从不同的例句中还可以体现一个单词的不同词性和用法,使用百度对"doctor"进行搜索,可见作名词时有"医生""博士"的意思,作动词有"行医"的意思。

再例如输入"as引导状语从句",系统就会出现不同类型的句子：原因状语从句、方式状语从句、让步状语从句等。如此在搜索的过程中不仅拓展了译者的知识面，而且使译者思维灵活，考虑更全面，做出的译文才会出彩。

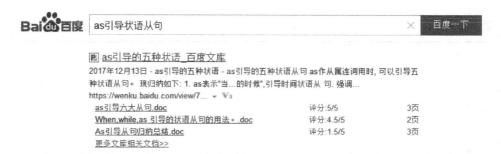

(二) 减轻负担

计算机辅助翻译尚未普及时，译者在遇到一个新的词与句型结构就会用笔记本记录下翻译好的内容。然而，即便把内容记录下来了，但是在查找的时候会比较麻烦，即需要花大量的时间在查找内容上，这给译者增加了很多负担，耗时耗力。

计算机辅助翻译软件的出现，取代了记录本。译者可以将需要记录和保存的翻译语料都储存在辅助翻译软件中，优点不仅体现在储存能力，也在于查找时快捷与方便，译者可以快速地查找出想要的内容，并且选出最优内容，极大地降低了翻译负担。

(三) 节省时间

计算机辅助翻译软件另一个突出的优势便是极大地提高了译者翻译的效率，节省了大量的时间。它之所以可以提高翻译效率在于其强大的记忆库和术语库。以 Trados 和 Wordfast 为例，用这两种翻译软件进行翻译时，均可在翻译项目开始之初导入相应的记忆库和术语库。但它们的优势是不同的，Trados 可设定记忆库和匹配率，在翻译过程中，一旦原文与记忆库中的某个句子或某个段落相匹配，该句段就会自动跳出以供译者参考，只是译者需要确认术语是否匹配并进行修改；而使用 Wordfast 时术语会被自动标识，无须查找，但译者需要手动查找在记忆库中的内容。两种工具都有各自的特点，但均可凭借强大的记忆库功能和术语库功能提高译者的翻译效率，节省时间。并且它们都可以自动使译文完全按照原文格式排版，无须花额外时间进行文档格式处理，本书主要以 Trados 2007 和 2011 版本来进行相关的计算机辅助翻译应用讲解，下图为使用 Trados 的句库查询"教育"一词得出的参考界面：

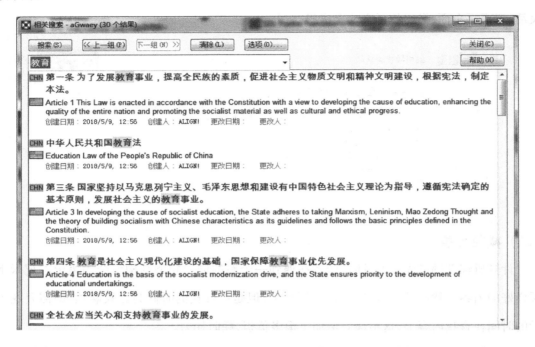

Trados 翻译文件匹配率查询：

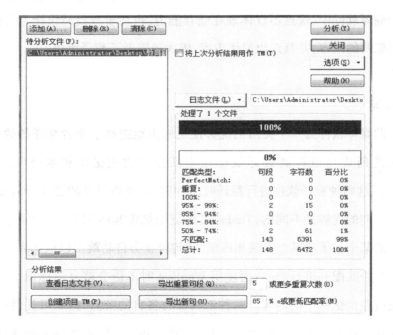

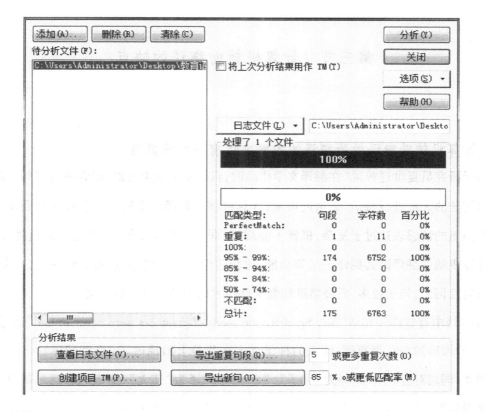

（四）高速处理原文中庞杂的信息

在实际的翻译工作中,难免会碰到一些加急件,可能几千字的稿子需要在半天的时间内完成。这样的文件,对于一个没有娴熟技巧和丰富经验的人工翻译工作者来说,具有一定的难度,有时甚至专业的人员也无法交出一个令客户满意的译本。再如,在翻译产品介绍或宣传册中,会遇到一些词汇,这些词汇的用法在词典中是无法查到的,这有可能是原作者出于宣传效果需要,它们并不会完全按照该词的标准用法进行使用。在这种情况下,译者可以了解相关背景资料从而建立语料库,那么译者就可以借助该语料库和翻译软件,再加上必要的翻译技巧和知识储备,从而在更短的时间内做出高质量的译文。译员需翻译一篇旅游游览手册,在进行翻译前准备工作即翻译语料库时,应当着手于旅游方面的词汇或短语表达;其次是译员自身对旅游术语的日常积累,通过大脑所积累的知识,翻译时才能达到"地道"的效果。

第三节 计算机辅助翻译的缺点

（一）计算机辅助翻译对所翻译的内容文体有一定选择性

翻译研究员夏洪进曾说"在翻译文学作品时,机器不会识别反语,很难理解讽刺与幽默,不会对句子的大意进行概括"。由此可见,计算机辅助翻译不太适合文学作品的翻译,因为文学作品里的情感表达过于复杂,机器不能理解,即使它是人工智能,它也不能超越人工翻译。计算机辅助翻译因其翻译记忆等功能,比较适用于法律文书、宣传手册等,这一类型的文件重复性词汇,句子较多,只要借助相似文件的术语库就可以完成译文。

如《飘》中有这样一句话"No, Scarlett, the seeds of greatness were never in me."通过机器翻译,我们可得到"不,斯嘉丽,伟大的种子从未在我身上出现过。"（百度翻译）。译文根据字典翻译,词词对应:"seed"译为"种子","greatness"译为"伟大",所表达的意思是对的,但译文显得抽象生硬,因此也不能完全传达出作者的原意;有译员将其译为"不会的,斯佳丽,我根本就不是当大人物的料。"这样的译文具体地表达出了小说人物说话时的否定意味,同时译文的表达也被读者所接受。

（二）计算机辅助翻译不能持续地为译者提供帮助

该缺点体现在翻译过程中语料库的积累,当译者所遇到的是全新的翻译内容时,他们就必须重新搜集和建立新的语料库。时代在进步,科技在发展,同时各个行业也会出现新的专业名词,所以译者需要时时更新自己所建立的语料库,在这一层面上,计算机辅助翻译还是不能完全直接起到"辅助"的作用。如不久前网上流传的"陈独秀""佛系少女"都是随大众的新思潮产生,但其中所包含的意思与词本身并不是完全相关,加上词的应用与传播需要一定时间,其英语翻译并不会随即出现,因而语料库的更新相对较慢。

（三）译文易脱离语境,语义理解错误

计算机毕竟只是一台机器,它不具备人的思想和情感,没有只有人类才有的语言中枢神

经系统,自然也不能做到人工翻译的准确和流畅。不同的国家拥有不同的语言文化,在文字表达中也存在着差异,尤其是一词多义现象,翻译中出现的语料并不可能无限地被存入计算机中,仅仅使用计算机中存在的语料,而译者不进行反复推敲,就很容易遇上"white elephant"直接翻译为"白象"而不是"大而无用"的生硬表达,脱离了语境,导致错误的发生。

(四)购买各类计算机辅助翻译软件较贵,耗时费钱

翻译软件在前期会花费大量的时间和精力去学习操作软件,初学者做到操作熟练需要一定的时间,同时搜集和建立新的语料库也会花费大量的时间,因此在前期计算机辅助翻译软件很难为一些翻译公司创造利润。但对在校大学生而言,这一缺陷不是那么突出,学生掌握了一些基本的计算机操作,在学习软件操作时耗费的时间相对较少,但由于翻译知识累积较少而使得语料库的内容有局限性其翻译风格会变得单一,译文也会变得没有创造力。要解决计算机辅助翻译所存在的问题,计算机专家、语言学家和计算机辅助翻译的使用者任重道远。

第四节 人工翻译与机器翻译的异同

自中国与外国有国际交往以来,传统的手工翻译就一直延续至今。随着市场的扩大以及科技的进步,机器翻译开始进入人们的视野,现在是人工翻译和机器翻译兼容的时代。在两种翻译的实际运用中,译者可以感受到它们各自的异同。

(一)人工翻译(Artificial Translation)

人工翻译主要指通过人工的方式将一种语言转化成另一种语言的行为,与机器翻译的主要区别在于是否有人工参与,是一种可人为控制翻译质量的方式。一般情况,两种语言社会的地域环境、文化习俗、人文历史、宗教信仰、价值观念等存在较大差异,而这种文化差异影响着翻译活动的范围和方式,制约着翻译内容的呈现和翻译策略的选择,所以这时候就需要对目标语言的各种形态做充分的了解和研究,以达到译文忠实于原文,语句通顺,贴近源语言的目的。随着中国渐渐融入国际经济体系,翻译市场迅速扩大。对于翻译内容的数量

和翻译速度的要求已经今非昔比。越来越多的翻译项目已经呈现出字数多、行业性强、周期短的特点,也越来越需要更多的人工翻译形式来辅助翻译,比如翻译公司和翻译工具。

(二) 人工翻译和机器翻译的相同点

1. 语法相同

论翻译,也就是将一种自然语言转换成另一种自然语言的过程,具体来说是将源语言转换成目标语的过程。无论是人工翻译还是机器翻译,他们储存的目标语和源语言的语法规则是一样的,都是按照使用国的语法规则进行翻译的,而且他们分析句子语法的结构一致,所以手工翻译和机器翻译所得出的译文的语法是如出一辙的。

2. 人工参与

两种翻译所得的最终译文都需要人工参与。手工翻译,顾名思义就是人凭借自己的能力进行翻译,整个过程人都参与其中。而机器翻译,就是指用机器来辅助人力进行翻译,译者对机器翻译的译文进行修改与调整,使其符合源语言所要表达的意思。

3. 思路相同

不论是手工翻译还是机器翻译,在翻译规定的内容时,首先都需要对规定的内容进行分析处理。而区别在于不同的翻译方法,其处理的时间不同。机器翻译所处理的时间比较短,而手工翻译处理的时间相对较长,不如机器反应敏捷。通过分析得出的译文,机器翻译的译文可能不如手工翻译的译文更贴近原文的意思,更符合原文的语境,但是它们最终都能得出与原文大体一致的译文。下面在翻译中体会一下机器翻译与人工翻译的区别:

例:Prepare a saturated solution of sugar.

机译:准备一种饱和的解决办法的糖。

人译:制备一份饱和糖溶液。

solution 一词具有"溶解办法,解决,解答,溶解,溶液"等意思,人工翻译时是根据语境来选择词义的,而目前计算机翻译的水平还达不到通过语境分析判断来进行翻译。计算机常常是根据该词所给出的第一个词义来进行翻译,因此就出现了词义搭配错误。

（三）人工翻译与机器翻译的不同点

1. 翻译方式的不同

传统的人工翻译的流程：

① 翻译人员阅读原文，理解原文，理解原文中各个句子、各个词汇之间的逻辑关系来确定最终的意义。

② 用符合目标语言的语法和习惯的语句来清晰准确地表达出源语言的句子内容。每位译者都会记忆一定数量的双语对照句，作为可以模仿、参考或借鉴的范例，从而帮助生成译文。在翻译时，译者需要丢掉源语言的语法规则，用目标语言的相应规则进行翻译。

③ 译者对译文进行逻辑性和可操作性检查。检查译文是否读得通、是否有矛盾，若有矛盾，则再对原文反复推敲，直到消除矛盾为止；如果没有矛盾，则应对译文进行润色，不仅要使译文符合使用国的语言规范，而且文字的使用也要恰当。

机器翻译主要是输入源语言，通过语料库，记忆模块搜索与原文部分相同或相似的实例，然后输出实例的译文部分，其译文一般不具有逻辑和可操作性。

2. 翻译速度不同

人工翻译的目标语内容来源主要为大脑记忆，而大脑记忆具有局限性及遗忘性，这就导致翻译过程中译文的准确性得不到保证。

机器翻译系统可以存储海量且准确性高的双语对齐的句子。翻译人员在机器翻译的辅助下，不仅翻译内容精确度得到提高，译员也能从翻译教材中学习到翻译理论、原则和方法，培养翻译素养，提供翻译技能，还能模仿、参考和借鉴翻译范例，以便在翻译实践时能够举一反三，触类旁通。

在进行手工翻译时，遇到生词或不熟悉的专业知识要查阅字典文献，费时费力。机器翻译系统配备有丰富的知识库，提供词典工具和各种知识工具。这样可以大大减少查字典和工具书的时间，有助于提高翻译效率。

3. 翻译准确率不同

可提供自动翻译功能的机器翻译软件，如有道翻译、百度翻译等各类在线翻译工具，译文一般都会出现一些问题。因为机器翻译软件虽被赋予语法规则，但语言的灵活性远超机器可以处理的范围,因此它所提供的译文的情感或语言氛围不符合原文,所以不可将其译文直接拿来使用,这就需要译者对机器翻译所提供的译文进行适当的处理。而手工翻译则是译者经过大脑思考,仔细琢磨所得出的相应译文。译者会对原文的感情基调进行分析,不只是追求语法上的正确,还要使目标语言的感情色彩符合源语言。因此,手工翻译出的译文质量更高,更具有真实性,更准确。

同一句话,在原文具有强烈的感情色彩,译员在翻译时会将感情放入翻译句子中,而机器翻译只会按照原文语法翻译,但这并不符合源语言的语境,读者在阅读时就会产生一定的困惑。譬如,翻译"他是一名学生"。人工翻译会结合当时的语境和时态进行翻译,而机器翻译则可能会出现错误的时态翻译,不符合语境。

4. 翻译思维不同

对于一个同样的句子,两种翻译方法进行翻译时的思维是截然不同的。手工翻译是因人而异的,因个体思维方式是不同的,也就是说没有固定的思维方式。有的译者可能是先分析句子成分再分析句子的基调,有的译者有可能是相反的顺序,或者译者们对这个句子的理解不同,从而导致思维方向不同。

机器翻译是固定的不变的,根据所设置的程序,一步步地进行翻译,最后呈现出译文,这也就使其译文比较呆板。如果没有译者将译文加以处理,机器翻译出的译文就不能够直接使用。所以在思维方式上,机器翻译还是远远赶不上手工翻译。因而人工翻译主要用于文学之类,需要富有感情的、细腻的、少量的文件;而计算机翻译主要用于大量的、专业领域的相关文件。

5. 翻译工具不同

机器翻译主要是依靠计算机进行翻译的,给计算机安装必要的程序,这些程序能够识别源语言和目标语言,然后可以将两种语言进行自由的切换,获得译文。手工翻译则是借助纸笔或电脑文档,译者通过大脑思考,将头脑中的内容以书写或打字的形式呈现出来。

第五节　计算机辅助翻译课程教学要求

计算机辅助翻译自身存在的优势对当今的翻译事业做出了突出贡献,大大地提高了翻译效率及质量,功劳在于其核心技术即翻译记忆,对语料的记忆以及自动检索。除了这一明显的优势之外,计算机辅助翻译课程也有其操作特点。

1. 计算机辅助翻译教学要求学生具备目标语言的基础知识,并通过整合各方面资源,结合相应的翻译技术,然后对目标语言进行翻译,由此可见,它是一种整体的翻译流程。例如,我们的目标语言为英语,那么学生必须具备英语的基础语言知识,有辨别句子正误的能力,大致了解西方国家语言表达习惯,再结合翻译软件进行翻译,最终目的是提高翻译质量。

2. 计算机辅助翻译教学可以分成"项目驱动教学""数据驱动教学"和"在线管理教学"。

项目驱动教学模式是由教师、学生、项目为主要构成要素,以学生为学习的主体,将教学知识点分割到每个独立的项目当中。在完成项目的过程中,由学生提出问题,并经过思考,然后由教师提出问题的解决思路,最后由学生自己解决问题。因此,学生在完成教师布置的项目的同时,既培养了学生的动手能力、自学能力、创新意识,又培养了学生发现问题、解决问题、团队合作等综合职业素质。

数据驱动教学模式是指整个学习过程都是以学习者为中心设计的一系列活动。旨在提高学习者对有关知识点的敏感度。该学习方法的关键是:学习者通过分析语料库提供的语言使用模式,对持有疑问的语法规则进行推理,对词汇的使用、搭配进行归纳总结。这种理念的转变将给英语课堂教学带来深刻的影响。

在线管理教学模式是运用网络在线平台达到教师与学生之间可互动的一种教学模式,传统模式中教学质量完全取决于教师个人的教学水平和负责任程度,教育机构对教学过程的参与和管理都非常有限,在线教育应该构建起一个基于大数据分析的教学服务系统,全程把控教学过程。这个系统还应当增强家长的参与程度,充分发挥家庭教育的优势,进一步提升教学价值和学生持续学习支撑价值。

3. 计算机辅助翻译除了学生要学会使用软件外,还要掌握计算机的基本操作,并且要了解翻译技术的初步知识等。

当今社会对语言服务人才的要求越来越高,翻译人才具有很强大的市场竞争力。熟悉计算机辅助翻译软件的操作对翻译人才来讲是最基本的要求,大多数译员均通过自己的翻译实践积累建立了自己强大的语料库,使得翻译更加快捷与轻松。所以我们应该大力提倡在各高校开设与之相关的课程,这样的课程不仅有利于提高学生在社会上的竞争力,而且也可以培养未来的翻译人才。

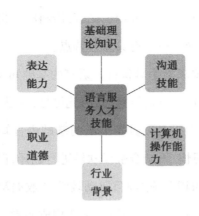

第六节　计算机辅助翻译的发展前景

信息技术的快速发展,以及跨国交流日益频繁,计算机辅助翻译软件的出现顺应了时代的发展,它的出现是当代社会信息化、数据化的产物。在信息化的今天,熟练掌握计算机辅助技术已经成为译者的必备条件和基本能力素养,这不仅是对译者自身能力的提高,还为社会的发展提供了翻译技术人才,更是为译者提供了极大的便利。

随着中国经济的繁荣,经济的腾飞带动中国各方面的发展,我们与各国的交流日益密切,对翻译的需求也越来越多。现阶段,在计算机辅助翻译的领域已经出现了许多高实用性的翻译软件,如 Trados,Wordfast,雅信 CATS,通译等。随着时代的发展,科学技术的进步,越来越多的辅助翻译软件将会出现在我们的视野,功能也会更加的完善。Trados 作为我们最熟悉的软件也让我们了解到翻译软件的强大。为了满足社会日益增加的供求关系,计算机辅助翻译产业还会进一步发展壮大,翻译行业也即将迎来绝佳的发展机遇。

结　语

21 世纪是一个全球化时代,语言作为沟通世界的桥梁,使得我们能够与世界进行对话,尤其是现在的大数据时代,计算机辅助翻译已经开始浸入各个行业和领域,运用日趋广泛,不可否认,它的发展也日趋完善,随着时代的发展,科学技术的进步,越来越多的辅助翻译软件将会被发明,功能也会越来越完善,译员需要在短时间内翻译大量的信息,这些软件必将会为译者在翻译上提供便利。这就使得计算机辅助翻译在翻译过程中扮演着不可或缺的角色。计算机辅助翻译软件有着广阔的发展前景。

课后练习

1. 谈谈大学生学习计算机辅助翻译课程的必要性。
2. 简述人工翻译、机器翻译和计算机辅助翻译的关系。
3. 你认为要使用计算机软件来辅助翻译,对译员有哪些要求?
4. 简述计算机辅助翻译在翻译过程中的优势地位。
5. 讨论计算机辅助翻译的发展前景和展望。

第二章

网络资源的分类及应用

第一节 大数据背景下的网络资源

在传统的学习中,我们所使用的教科书和参考资料均是印刷的纸质材料。随着电子技术和网络技术的发展,大多数的文本资料、图片、影视资料,都有了与其相对应的数字格式,这些数字化的资料通过网络传播,成为了学习的网络资源。并且随着互联网的迅猛发展和普及,使学习的方式逐渐从依赖传统的纸质书本转变为使用多媒体信息资料。网络技术影响下的信息资源学习型社会,以它特有的双向互动性、资源全球化、环境模拟化、管理自动化、教材多样化、教学个性化、学习自主化及任务合作化等优势,成为信息化时代教育改革发展的主流。

教育部颁发的《英语课程标准(2011)》指出:"计算机和网络技术为学生个性化学习和自主学习创造了有利条件,为学生提供了适应信息时代的新的学习模式。通过计算机和互联网,学生可以根据自己的需要选择学习内容和学习方式,可以更有效地相互帮助、分享学习资源、提高学习效率。"英语对于中文是母语的学习者来说是一门外语,而外语学习离不开相关的语言学习环境和学习资料。在现代信息技术环境下,学生成为网络资源的主要使用人群,他们在学习过程中应努力营造学习的语言环境,并利用建构主义理论和行为学习理论,调整学习策略和方法,最大限度地发挥网络资源在英语学习中的作用。

第二节　网络资源的优势

（一）信息海量

　　网络是一个虚拟的媒体，它不存在纸质材料的体积限制问题。当你进入互联网的世界，你就如同一只自由的鱼儿，徜徉在无穷无尽的知识海洋里。它也是一个图书馆，在这里，使用者可以随时随地地自助检索所需要的相关信息，没有空间和时间的限制。同时，网络的资源具有非同步性，例如网络教育的人数、时间和地点可以随时变化，学习者自主安排时间获取知识。

（二）更新实时及传播广泛

　　与传统的书报相比，网络上的信息传递具有即时性，并且传输速度相当快。传统的书报要经历多道程序，至少要经过半天时间读者才可以得到消息，如若是国外的科研著作的成果，我国的读者们可能需要大半年的时间才能知道。但是，无论是一项新的科研成果还是一则市井消息，都可以通过网络平台在第一时间遍及全球，这是传统的书报所不能及的。我们熟知的一些网络资源，例如微博、微信、科技论坛等这些实时交流媒介，都具有此特性。通过微博，人们可以随时随地分享新鲜事，进行关于热点话题的讨论与交流；通过微信，人们可以及时与家人朋友进行沟通，通过朋友圈分享一些自己的生活小动态以及一些优秀文章等，此外你还可以通过微信关注许多有趣的公众号，即时获取信息资讯；通过科技论坛，人们可以获取最新的研究成果。由此，我们可以看出网络的即时性和广泛性。

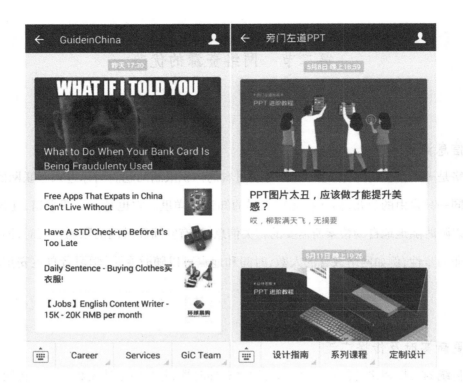

（三）资源共享及经济实惠

　　网络上的海量资源大多是免费共享的，并且用户几乎可以查询到任何想要的资源，可以根据需要自行下载使用，这在极大程度上减轻了人们的经济负担。例如网上的一些教育软件，如慕课、网易公开课等，给人们提供了许多免费网络课程供人学习，并且节省了人们在经济方面的教育投资。即使有一些资源是需要付费下载使用的，相对于传统书报杂志也便宜实惠许多；语言学习者还可以花很少的钱，利用网络资源建立一个中型甚至大型的个人虚拟图书馆。一旦建立了个人虚拟网络图书馆，就能非常省时、方便地检索自己需要了解和学习的资料，这往往在弹指之间就能轻松搞定。

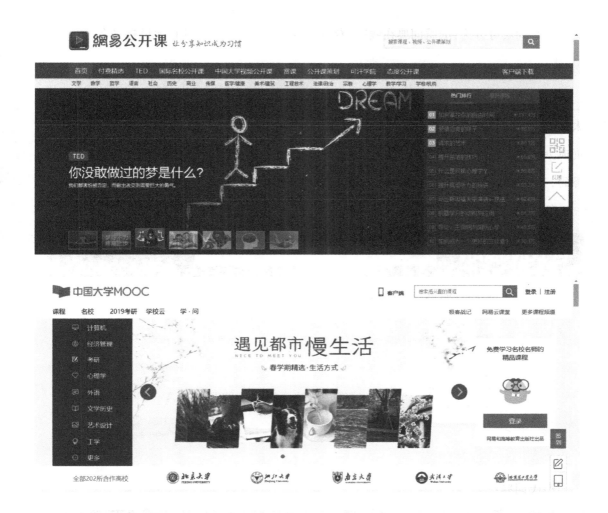

第三节　网络资源表现形式

（一）在线词典

在线词典是指运行在 Internet 环境下的电子词典或网络语料库,可实时为用户提供词汇查询服务的网上翻译工具,在词汇量上比电子词典更为丰富。在线词典类别多、数量大、更新及时,增长速度快。依托全球化网络平台,它承担着语言和文化交流与传递的重任,为语言学习者提供了新词的释义,海量的例句,及时的解答和真实的素材,这就是词典数字化和网络化的强有力的体现。

在线词典可分为：纸质词典在线版、专业网络在线词典以及在线词典链接平台。

1. 纸质词典在线版

纸质词典在线版，顾名思义就是将纸质词典数字化之后整理成的纸质词典电子版本。大家熟知的一些权威词典如：《朗文当代高级英语辞典》《韦氏词典》《牛津词典》《柯林斯大词典》等均有相应的电子版（网络在线版），供人们在网络上随时使用，为使用者扫清了语言障碍，了解自己不熟悉的词汇背景，理解不同语言国家的文化等。

朗文当代高级英语辞典：

韦氏词典：

牛津词典：

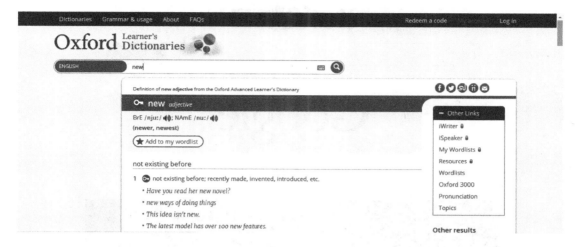

柯林斯大词典：

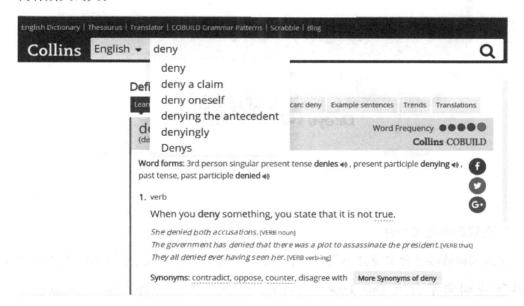

2. 专业网络在线词典

有些在线词典没有纸质版，只有网络版，如百度、谷歌等。这些搜索引擎在提供词汇查询功能的同时，也会检索出该词汇在其他各大网站和在线词典中的翻译内容，这也需要一个强大的语料库来支撑，著名的搜索引擎包含独有的词典功能。Google 在提供强有力的搜索功能的同时，与金山词霸、Dr.Eye 在线词典合作，提供词汇在线查询及快捷的词汇、页面翻译功能。网络与词典的结合形成了无限的语言和文化语料库。

3. 在线词典链接平台

在线词典链接平台本身并不是词典，它是一个为用户提供大量词典网站链接的中介。这些在线词典平台有 One Look Dictionary Search（网址：http://www.onelook.com）、1000Dictionaries（网址：www.1000Dictionaries.com）等，这些在线词典网站汇总了世界各地的在线词典，在提供词汇的查询功能的同时又具有链接全球各类在线词典的能力，形成了一个真正的多语种、多国家、多文化的词典中心。下面列举几个常用的电子词典：

海词在线词典，网址是：http://www.dict.cn

译典通,网址是:http://www.dreye.com.cn

有道词典,网址是:http://dict.youdao.com

译典通,网址是:http://www.dreye.com.cn

Lingoes 灵格斯词霸,网址是:http://www.lingoes.cn

(二) 网络电子期刊和电子书

网络电子期刊有三类,即电子报纸、电子杂志、电子新闻和信息服务。

北京日报 (01头版) 2018年05月03日

抓住培养社会主义建设者和接班人根本任务 努力建设中国特色世界一流大学

新华社北京5月2日电 在五四青年节和北京大学建校120周年校庆日即将来临之际，中共中央总书记、国家主席、中央军委主席习近平来到北京大学考察，习近平代表...

纪念马克思诞辰200周年大会 将于明日上午在京举行

新华社北京5月2日电 纪念马克思诞辰200周年大会将于5月4日上午10时在人民大会堂举行。中共中央总书记、国家主席、中央军委主席习近平将出席大会并发表...

汲取真理力量 赓续奋斗使命

[3版]

您所在的位置：首页 › 杂志 › 文化艺术 ›

所有杂志分类

字母检索 A B C D E F G H I J K L M N O P Q R S T U V W X Y Z 0-9

时尚生活 ›

女性 家居 美容 家庭
奢侈 母婴育儿 房产 时尚 汽车 现代教育教学研究

娱乐休闲 ›

明星 音乐 影视 旅游
摄影 美食 宠物 游戏

运动健康 ›

体育 高尔夫 健康 足球

教育科技 ›

科普 外语 科学 留学
工农业 科技 教育 数码

商业财经 ›

商业 管理 营销 互联网
财经 行业期刊

文化艺术 | 共214个品牌，9725本杂志   排序：销量 ⇅ 最新 ⇅ 价格 ⇅   1/11   下一页

红豆   园艺天地   新丝路杂志（下旬）   今日文摘

☐ 移动新媒体   ENGLISH   搜狗搜索 ⌄

首页 | 时政 | 资讯 | 财经 | 文化 | 图片 | 视频 | 专栏 | 双语 | 漫画

习近平：用一生来践行跟党走的理想追求

[习近平对青年和教育的殷切希望] [习近平：国家一流, 学术才能一流] [习近平智慧寄语@新时代青年]

习近平在北京大学考察

李克强主持国务院常务会 优化营商环境

思想巨人 伟大旗帜——纪念马克思诞辰200周年

新时代青年，该拿什么致青春？

《共产党宣言》对中国共产党人的影响

从马克思主义中寻求答案

时空对话·不朽的马克思：有一种友谊叫"马恩

今天的年轻人，还能不能艰苦奋斗了？

档案君|《共产党宣言》的前世今生

大量期刊在网上发行,其内容与纸质版大体相同,只是形式排版有所区别。电子书是按照一定的计算机可视化的学习材料来编排的,它具有一些技术层面的支持,使用者可以操控翻页、提供动态效果、单击弹出相应网址等;而纸质版的就比较固定了,只可以翻阅查询。但无论怎样,两种形式都各有所长,因此,现在的图书往往都有纸质和电子版两种形式供读者使用。如:

1. Language Learning & Technology

网址是:http://llt.msu.edu 。该期刊由夏威夷大学国家外语研究中心(the National Foreign Language Resource Center, NFLRC)和密歇根州立大学的语言教育研究中心(the Center for Language Education and Research, CLEAR) 主办。

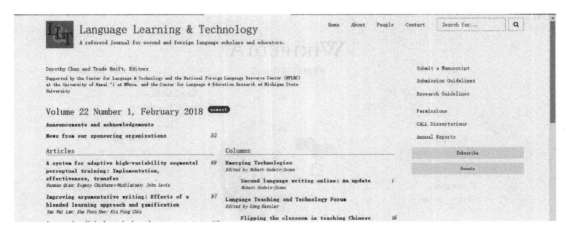

2. 电子阅读器

随着科技的发展,我们已步入电子信息时代,存在于公共大荧幕的媒介已不能满足个性化的需求,于是我们发明了更具有私人性,活动性的电脑,喜欢读书的人也不仅仅满足于电脑上的读书体验,而趋向于电子墨水屏,现在称为电子阅读器,尽量还原真实的纸质书的感官体验,如Kindle,它的创造带给了读者一个舒适的阅读空间,而且价格更加实惠,读者可以更加便捷地享受网络资源所带来的便利。

（三）在线百科知识搜索

互联网上除了有一些专业出版社提供的网络版百科全书外，还有许多免费的百科网站，如维基百科（http://www.wilkipedia.com）、百度百科（http://baike.baidu.com）等。通过这些网络百科，我们可以更加方便地检索到所需的参考资料。但值得注意的是，免费百科网站里的百科知识大多数是由一些平台机构或个人免费提供的，他们对一些科目所下的定义不一定全面、准确，需要读者认真辨别，不能盲从。实际上，互联网本身就是一个巨大的百科全书，这个巨大的虚拟图书馆中鱼目混杂，如果想要得到权威的词条解释，特别是需要做学术引用时，一定要留意资源的出处，对出处不明或只是源自于其他小网站的资源最好还是慎用。

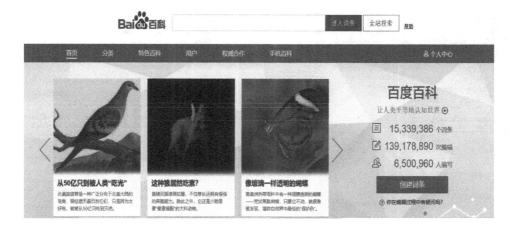

（四）语料库资源

通过检索网络语料库资源，可以进行语言对比分析研究并得到真实、地道的语言例句，目前网络上可以免费使用的语料库有：COBUILD 和 BNC 等。COBUILD 是最早出现的一款大型英语语料库，其英语库词容量已达到 4 亿 5 千万，它是由伯明翰大学和 Collins 出版社共同合作编撰完成的。Collins 词典和语法书的语料来源也是从 COBUILD 中获取的。BNC（British National Corpus）的词条库存超过 1 亿，他的特点是口语与书面语并存。它是由朗文出版公司、美国牛津出版社、牛津大学计算机服务中心以及大英图书馆等共同创建的大型语料库。其内容丰富多样，包括通俗小说、国家和地方报刊、谈话录音文本以及信件等。

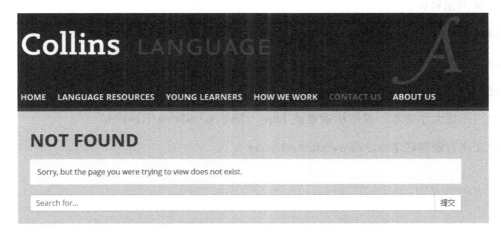

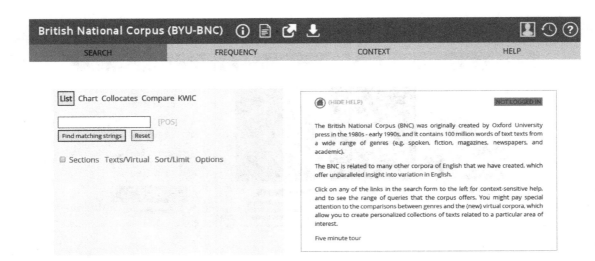

以下为国内外可供使用的语料库：

1. 国外语料库：

BBC 语料库 http://bcc.blcu.edu.cn

BNC 英国国家语料库（British National Corpus）http://www.natcorp.ox.ac.uk

ANC 美国国家语料库（American National Corpus）http://www.anc.org

OLAC 语言开发典藏社群（Open Language Archives Community）http://search.language-archives.org/index.html

2. 国内语料库：

语料库在线 http://www.cncorpus.org

北京大学中国语言学研究中心 http://ccl.pku.edu.cn/corpus.asp

搜文解字 http://words.sinica.edu.tw

中国传媒大学文本语料库检索系统 http://ling.cuc.edu.cn/RawPub/

中文语言资源联 http://www.chineseldc.org

第四节　网络资源的检索

网络资源一般可以通过以下几个途径获取：搜索引擎自主搜索、门户网站检索、各类媒体软件，如在微博、微信公众号、各大论坛等搜索框内搜寻信息。下面主要介绍两种搜索方式。

（一）搜索引擎检索

大多数人会选择用搜索引擎来检索网络资源。这是一种相对快捷且便利的方式。用户将所需要寻求的信息输入相应的搜索引擎，之后引擎会自动检索匹配，将用户可能需要的信息根据相关度的高低以网站的形式呈现在用户眼前，用户可以根据需要自行选择使用。

常见的搜索引擎主要有以下几种：

Google 搜索引擎，网址是 http://www.google.com

百度搜索引擎，网址是 http://www.baidu.com

Yahoo 搜索引擎，网址是 https://www.yahoo.com

YAHOO!   Q

Mail　News　Finance　Sports　Politics　Entertainment　Lifestyle　More...

Ask Jeeves 搜索引擎，网址是 http://www.askjeeves.com

Education World 搜索引擎，网址是 http://www.educationworld.com

Excite 搜索引擎，网址是 https://www.excite.co.jp

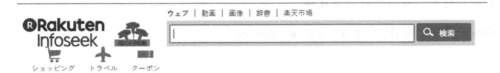

Inforseek 搜索引擎，网址是 https://www.infoseek.co.jp

Hotbot 搜索引擎，网址是 https://www.hotbot.com

Webcrawler 搜索引擎，网址是 http://www.webcrawler.com

（二）门户网站搜索

门户网站（Gateway Site）其内容丰富的同时也包含其他网站的相关链接，是一种综合性的网站。相比直接使用搜索引擎进行检索信息，它虽然操作稍微烦琐了一些，但是指向性却更明确。中国较为著名的门户网站有：新浪、网易、搜狐、腾讯等。国外则有谷歌和雅虎等。除此较为综合性的门户网站之外，还有更有针对性的一些门户网站，比如一些学习外语的网站，有些是知名度较高的网站机构直接创立的，有些是凭借相关人士的爱好自由创建并维持的，为广大外语爱好者提供学习和交流的平台。下面介绍几个外语学习的门户网站供大家学习参考。

1. Dave's ESL Cafe

网址是 http://www.eslcafe.com

它为全球的英语学习者提供服务，储存了大量的英语教学网络资源，包括英语背景知识、教师和学生参考资料等。

2. The Educator's Reference Desk

网址是 http:// www.eduref.org

该网站有海量的英语资源，能为教育者提供高质量的信息资源和服务。

3. BBC World Service Learning English

网址是 http://www.bbc.com

这是英国 BBC 广播公司的网站。学习英语就必须接触最真实的语言材料。BBC 网站对英语教师和学习者来说是一个非常好的语言教学和学习网络资源。

4. MyVirtual Reference Desk

网址是 http://www.refdesk.com/paper2.html

该网站提供两种资源:一是本网站自建的资源;二是提供与本网站内容有关的链接。此外,网站环(Web Ring)也是教师查找网络资源的开始地点,它与门户网站的最大区别在于在需要时能够返回到最初的网站列表处环游各网站。主网站上有一份按主题分类的分组列表,也称为环,每个环中都有一系列彼此相关的网站。该网站是对英语教师非常有帮助的资源库。

5. ESLoop

网址是 http://www.linguistic-funland.com

ESLoop 是最适合英语教育的网站。从中能找到学生活动、学术论文、专业英语资料以及各种就业信息等,每个网站都和下个网站彼此相连,可以按任意顺序浏览某些网站,也可以按线状顺序浏览全部网站。

6. Webring

网址是 http://www.webring.org

通过注册就可以成为 Webring 的会员，享受更多的网站环搜索引擎。注册成为会员非常容易而且完全免费。所有注册了的用户可以加入网站环，在 5 万个网站环目录下找到所需的内容，如果没有与所要找的资料相关的网站，还可以创建自己的个人在线社区，并链接到网站环。

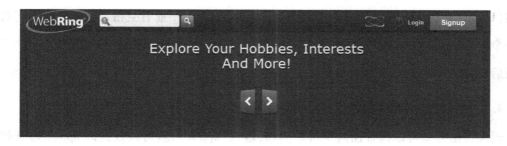

（三）网络资源搜索技巧

当用户需要搜索信息时，通常只是在搜索引擎中输入关键词，然后单击"搜索"后，系统很快会显现查询结果，这种查询方法简单，方便，但是查询的结果却不准确，可能包含着许多无用的信息。这时就需要应用搜索技巧了。不同的搜索引擎提供的查询方法有所不同，但一些查询技术在各个搜索引擎中都是通用的。下面介绍一些常用的搜索技巧：

1. 使用双引号进行精确查询

进行精确查询时，给要查询的关键词加上双引号就可以实现。这种方法会精确匹配查询结果。例如在搜索引擎的搜索框中输入带引号的"英语语言文学"，这比输入不带引号的——英语语言文学，得到的检索结果更精炼，更少。因为在带引号搜索时，搜索引擎把"英语语言文学"作为一个关键词进行检索，所得的检索信息更加具体，而不带引号时，会分别对"英语""语言""文学"等关键词进行检索，所以其检索结果自然比较多。

2. 使用加号(+)、减号(-)限定查找

用在要查询的关键词前加加号(+)限定搜索结果中必须包含这个关键词，而减号(-)则限定搜索结果不能包含的词。例如，在搜索引擎中输入"+打印机+HP"就表示要查找的内容必须要同时包含"打印机""HP"两个关键词；在搜索引擎中输入"-A 大学-B 大学"，就表示

最后的查询结果中一定不包含"A 大学"和"B 大学"。

3. 使用"site"限定网站搜索

要限定某些网站来源时，可在关键词后加上"site："（不含引号）加以限制。如果是要锁定某域名或网站内的页面，在"site："后附加"网站/域名"，例如：搜索中文教育科研网站（edu.cn）中所有包含"外语教学"的页面，可输入"外语教学 site：edu.cn"搜索结果将限定在"中文教育科研网站（edu.cn）"。如输入"外语教学 site，uk"，搜索结果将被限定在中文英国网站（UK）。注意，site 后的冒号为英文字符。而且，冒号后不能有空格。否则"site："将被作为一个搜索的关键字。此外，网站域名不能有"http"以及"www"前缀，也不能有任何"/"的目录后缀。

4. 使用通配符实现模糊查找

通配符星号※可以代替任何字符。例如，输入"app※"，就可以找到以 app 字母开始的相关资料，如"apply""application"等。

5. 使用逻辑词辅助查找

使用一些常用的辅助词，比如有"and（和）""or（或）""not（否）"，有些是"and not"及"near"两个单词的靠近程度等，较大的搜索引擎几乎都支持，从而可以使查询结果更加精确。

6. 使用括号（）

当两个关键词用另一种操作符连在一起，而你又想把它们列为一组时，就可以对这两个词加上圆括号。

7. 区分大小写

很多英文搜索引擎都具有区分大小写的功能，可以让用户自主选择。这个功能在用户检索专有名词时可以起到有效的作用。

结　语

在当今这个信息高速发展的时代,信息的检索与应用是我们每一个人都应该具有的基本能力,也是生活中方方面面所需要具备的技能。有句话说"现在是信息时代,掌握了信息就是掌握了时代的关键。"因此,我们要了解这些相应的信息,就要善于运用检索工具,例如一些搜索引擎和大的门户网站等,帮助我们检索有用的信息,从而帮助我们的学习与生活。此外,也要会一些相应的搜索技巧,例如通配符的使用,各类标点符号的使用等。我们要善于学习更要善于利用,运用这些小技巧,使我们可以更快更精准地找到我们所需要的信息,从而节省时间,创造更多的价值。只有掌握这些基本的方法,我们进行翻译的时候才能更加得心应手。

课后练习

1. 根据实际情况,谈谈大学生获取网络资源的渠道与方式。

2. 与同学分享你最常用的一个获取网络资源的渠道。

3. 相比实体资源,网络资源有哪些优势?

4. 谈谈大学生该如何将网络资源的利用最大化。

5. 除了书中已经提到的内容,你还知道哪些搜索网络资源的技巧?

第三章

语料库概述及其应用

第一节　语料库概念

语料库（Corpus，pl：Corpora），一般理解为集合起来的大量语言词条材料库。但实际上语料库并不只是简单地将语言词条材料集合起来，而是将其集合并进行加工处理，使其成为可用资源。换句话说，语料库是将文本或话语片段收集起来从而创建的有一定容量的大型电子文本库。部分随机抽样方法和语言学原则在语料库建立过程的使用，保证了翻译过程中语言表达的正确和流畅。同时，大容量的语料库也为使用者进行学习与研究提供了充足的信息资料。语料库在语言教学与研究、翻译工作、编纂英汉词典等方面有着较多的使用；对于外语学习者来说，翻译、阅读，甚至语料库语言学研究都因语料库的使用变得相对简单。

关于语料库有以下三点基本认识：

1. 语料库中的内容出自在实际生活中人们真正使用过的语言材料，而不是用来佐证某词或短语的现编例句；

2. 语料库通过电子计算机呈现在人们眼前，其中的语言知识资源能够辅助使用者的工作和学习；

3. 选中的语料库资源要经过加工，包括对语料库进行内容分析和处理，才能为人所用。

语料库可根据不同类型分为两大类：

（一）按照研究目的和用途分类

使用者根据所需寻找合适的语料，语料库研究目的和语料库的用途往往体现在语料收集过程的方法和原则上。常见的语料库有以下四种类型：

1. 异质的（Heterogeneous）：在各个领域收集并将不经过筛选的语料原样保存，收集前并无预先确定的搜集的方向。这类语料库内容多，信息量大，适合广泛的翻译。但正是由于语料内容复杂，整理过程中分类不够详细，从而缺乏针对性，不能应用于专业领域的研究；

2. 同质的（Homogeneous）：根据类别筛选语料，如从事教育文件翻译工作，所需要的语料库就与教育相联系。这类语料库为翻译工作提供了优质的辅助材料，专业性与兼顾性是其两大特点；

3. 系统的（Systematic）：确定好语料收集的方向原则及比例后，再展开收集工作。这类语料主要由某一特定范围内的真实语言构成，通常适用于专业领域的研究工作，具有系统性和平衡性；

4. 专用的（Specialized）：这类语料的使用方向已经固定，只针对于某一特定领域，比同质类语料库效率更高，专业性更强。

（二）按照语料的语言种类或组织形式分类

语料库按其所涉及的语种，可分为单语的（Monolingual）、双语的（Bilingual）和多语的（Multilingual），按其采集单位又可分为短语的、语句的和语篇的。

双语和多语语料库按照语料又可分为两种组织形式：平行语料库，即对齐语料库，以及比较语料库。平行语料库中的每句源语言都对应其相应的目标语言，并构成译文关系，机器翻译、英汉词典编撰等领域使用广泛；比较语料库中收集的是语言表达有差异但内容相同的文本，语言的对比研究等领域使用比较广泛。现目前网上已有许多较为成熟的在线语料库：

1. 美国当代英语语料库（Corpus of Contemporary American English）

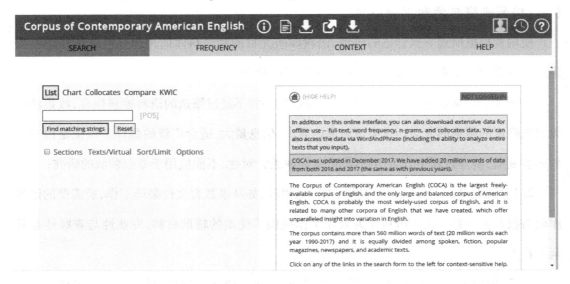

2. 柯林斯语料库（Corpus of Collins ）

The Collins Corpus

What's in the Collins Corpus?

The Collins Corpus is an analytical database of English with over 4.5 billion words. It contains written material from websites, newspapers, magazines and books published around the world, and spoken material from radio, TV and everyday conversations. New data is fed into the Corpus every month, to help the Collins dictionary editors identify new words and meanings from the moment they are first used.

3. 维基百科 (Wikipedia Corpus)

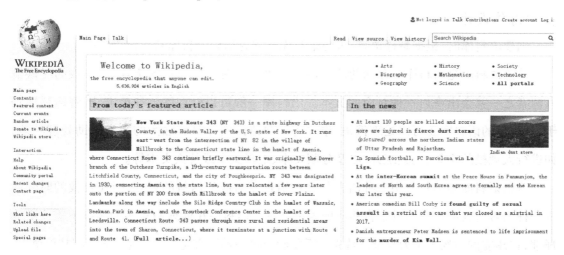

第二节 语料库的创建

随着计算机技术的发展,未来几年内高质量语料库的参考价值会迅速提高。

语料库的建立是语料库后续使用与研究工作的基础,在进行语料库的处理和加工时,我们往往会忽略一个问题即语料库工具对于语料的检索、分析的重要性问题。语料库是语料构成的集合,而要进行语料的检索、分析和处理离不开语料处理工具。我们经常会处理大量的语料问题,面对大量的语料库,人工处理会耗费大量的人力和精力。在这时,语料库工具就发挥着至关重要的作用。可以说没有语料库工具,我们要进行语料处理工作就寸步难行。虽然语料库的具体操作和要求在不同的语料库中有一定区别,但大致相同。

建立语料库,首先要确立的是语料库建立的框架:语料库的规模、优先级、参考目录等,再根据所需文体方向挑选文本。但是在建立语料库之前,有两个需要注意的地方:一是语料来源的版权问题,即在把他人论文、报告或其他出版物等转换成语料前,是否已经征得作者同意;二是如何将语料存入计算机中,语料库作为大型电子文本库,从收集到使用都以计算机为载体。电子形式的语料最好,稍加分析与处理即可,如果是从印刷文字中得来的语料,可使用万能扫描仪扫描输入,同时现有的腾讯 QQ 提取图片文字技术、搜狗输入法语音转换文字技术等,都为印刷文字转电子文字提供了便利。

（一）总体设计

创建语料库时，根据翻译语言，可将语料库建立为单语语料库和双语语料库。

单语语料库是语料库中存储的两种语言意思一一对应的语料的集合，在查找的时候输入两者之一就会出现另一种对应的文本。语料库一般可以处理汉语和英语，随着语料库趋于完善，有的语料库还可以处理俄语、泰语等。单语语料库具有强大的文本辅助处理功能，如进行大规模的字频、词频统计，以及分割文本、编辑文本或替换文本等。

双语语料库是语料库中一种语言与多种语言相对应的语料的集合，即在查找的时候输入一种语言时就会出现多种语言相应的翻译文本。语料库在处理一对多的情况下需要更为仔细，在建立的时候也更为复杂。首先是需要确定哪一种语言是"一"，然后再匹配其他语言，匹配成功后再导入语料库中储存。在提取的时候如果输入"一"语言就会出现多种其他的语言相对应的意思。双语语料库具有多种语言的处理功能，使译者不局限于两种语言翻译。

1. 单语语料库的建立

下面将为大家介绍一个开源软件 AntConc，提供 Windows、MacOS 和 Linux 版本：

第一步：到官网下载 Laurence Anthony's AntConc，软件启动后如图所示：（以下相关截图来自网络免费经验分享）

第二步：将准备好的语料库转换成 TXT 格式。一般原材料会是 Word、PDF、mobi、html 等格式（mobi 格式可以用 calibre 批量转换）。另外，为了便于日后检索，我们可将 TXT 文档根据需求按规律命名，如［作者名+发表日期］或者［文章名+日期］等。

第三步：通过［文件夹］将文档全部导入 AntConc，这样单语语料库就建好了。

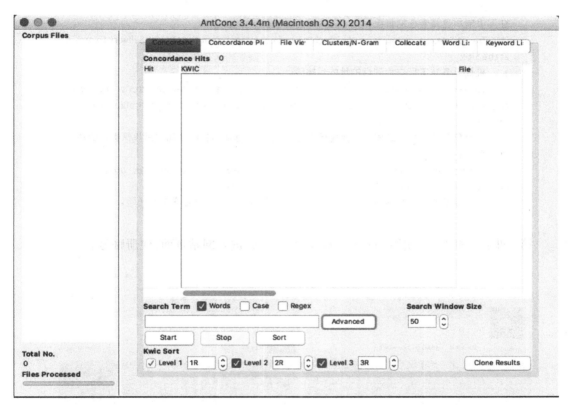

2. 双语语料库的建立

这里以英汉双语语料库为例：

首先准备英汉对照的双语文档，可以是英文中文分别使用一个文档，也可以是英中上下对照或左右对照的单文档。需要注意的是，由于软件识别按一定规则进行，准备的语料中原文与译文都需要一一准确对照，且最好使用 Word 这种简单容易识别的格式。如我们在 Word 中准备一篇英中双语对照的文档：

Generally speaking, the damage rate cannot be more than ＿＿＿%.

一般情况，损耗率不得超过＿＿＿%。

Insurance

保险

Without limiting the Contractor's liabilities the Contractor will at his own expense take out the following insurance:

在不限制承包商责任的情况下，承包商将自费投保下列险：

(1) Transportation insurance on the machine and equipment from the time of delivery to arrival at the Site;

1.　机器设备从工厂交货到目的地的运输险。

(2) Workers compensation insurance for all contractor's and Sub-Contractor's employees engaged or similar statutory social insurance in accordance with the applicable laws and regulations;

2.　为承包商和分包商的雇员投保雇员赔偿险，或者根据适用的法律和法规投保类似的法定社会保险。

(3) Comprehensive automobile liability insurance in respect of all vehicles used by the Contractor or his Sub-Contractor in connection with his contract.

3.　对承包商或其分包商在执行本合同中使用的所有车辆投保综合汽车责任险。

第一步：语料对齐，使用 Tmxmall 在线对齐，首先进入网站页面，注册账号。

第二步：设置检测语言并导入原文和译文所对应的文档。如图：

第三步：段落对齐后，单击页面左上角的"对齐"，系统将自动进行句级调整。

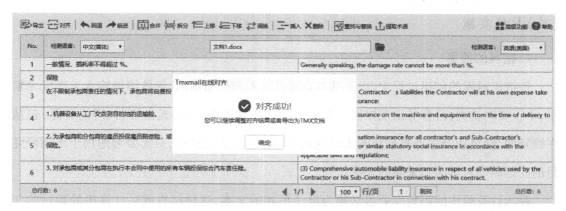

第四步：运用页面上方的工具栏按照句级对齐的原则进行调整，然后导出文档为 tmx 等格式。导出后，在 Trados 等 CAT 工具中新建翻译记忆库，把之前保存的 tmx 文件导入即可使用该语料库。

除此之外，针对语料库量的问题，只要条件允许，语料库的规模应是越大越好。由于语言本身的动态发展，语料库也应随语言发展不断地进行扩充与完善，建立固定规模的语料库并非语料库发展的大趋势。

其次，针对语料库内容的问题，最根本的要求是要真实，它包括两个方面：1.要收集真正使用中的文本，而不是研究者杜撰的语句；2.要收集与所需语料相符合的文本。如果要建立的是有关学生学习的语料库，要分析学生的真实语言能力，确定语料库所涉及的单词及语法的难易程度。

(二)具体实施

1. 语料的搜集

传统语料库的创建过程中,由于基本靠键盘输入和扫面输入,导致语料输入工作极为繁琐,不仅费时费力,且容易出现错误。如今大量的在线语料资源、光盘资料、网络资源(包括在线新闻、网页版杂志等),使语料库的建设和完善变得方便快捷,只需要考虑用于不同研究目的的语料库对其语料来源的要求。

存入计算机中的语料库要求必须为电子形式的文本,这种材料或从计算机处理过的文本中直接得到,或从印刷文字中得到。当前,常用的有三种文本输入方式:

(1)已经以电子形式整理好的材料;

(2)用光读扫描方式录入并转换文字(机读);

(3)通过键盘输入方式。

2. 语料的预处理

语料预处理功能是对语料文本进行清理,因为如果不对语料文本加以清理就会导致分析不准确,所得的结论不严谨。此外,目前的许多语料是通过网络下载、手工录入、扫描识别等方法获得的电子文本,因此难免出现一些不规范的符号、格式等。还有一个原因是有时文本过多,并且不在一个文件中,这就需要进行处理加工。最后一个原因就是文件是规范的,但里面却有许多标注的符号、格式等。遇到这种情况,有以下几种方法可以进行处理:

(1)批量替换、删除各种符号和转换;

(2)使用功能强大的文本编辑器、文本切割器;

(3)根据关键词删除句子,并对句子进行排序。

3. 抽样

语料库中的语料在选取抽样的范围时,覆盖面要广并要在尽可能多的方面取得平衡,综合考虑抽样比例,比如语料的每一种体裁、主题、语域、文类等方面的抽样比例要平衡。我们可以通过控制语料比例关系和抽样过程来缩小语料偏差值,从而增强语料的代表性。决定语料代表性的主要因素是样本的抽样过程和语料量的多少。

语料库一般采用随机抽样方法,在抽取比例上可采用均衡抽样或不等比例的塔式抽样。

抽样过程中可先确定范围后再进行抽样,也可确定语料的分层结构后进行分层抽样,如把语料按文类(如新闻报道、小说诗歌、科学论文、法律文书等)和语言形式(如书面语和口语)进行分层抽样。确定抽样规模是进行语料库抽样的最先步骤,如果所抽取的文件的规模和形态不能在语料库中反映出来,那这个语料库只能作为不完整的材料集合,而这种不完整的材料集合能够为使用者提供的信息是非常少量的。

4. 语料库的加工

在将语料输入语料库时,语料库本身会对其进行加工,主要包括语料的分析、标识和赋码。

(1)语料库的分析

语料库的分析功能往往是伴随着处理功能的,它们是相辅相成的,主要进行两个地方的分析。

首先是输入语料库时候的分析。在输入语料时,语料库会对语料进行分析,分析语料内容和格式是否能进入语料库中。如果符合条件则可以自动进入,如果不符合则不能导入,这个时候就需要对语料进行修改。

其次是提取语料时的分析。当我们在提取语料时,输入提取的内容,然后语料库进行分析、查找与该内容相匹配的内容,匹配率到达就会自动提取出来。此时译者需要对语料进行筛选,确定自己所需内容。

(2)语料库的标识

语料库主要对文本进行两类标识:文本的性质和特征;文本中的符号、格式。第一类标识是有必要的,因为通过标识,使用者能够灵活地提取文本的各类目,并对其进行研究。同时,使用者可在不破坏语料内容完整性的前提下,对文本进行标注,或将其保存为另一个文件。如 CLEC 语料库根据学生的特征标注了以下主要信息:学生性别、累计学习年限、作文类型、作文标题、作文完成方式、作文得分、是否是用词典、所在学校等。第二类标识根据研究和应用的目的而定。

(3)语料库的赋码

当前,语料库的赋码主要有两类:词类码(又称语法码)和句法码。

词类赋码就是标注文本中每一个词的词类属性,这项工作通常根据传统语法划分词类,只是划分过程更加详细。以 LOB 语料库为例,该语料库将单词划分为 NN(名词的单数形式,如 hand)、NNP(以大写字母开头的普通名词的单数形式,如 Englishman)、NNS(普通名词的复数形式,如 books)、VB(动词的基本形式,如 jump)、VBD(动词的过去式,如 left)、VBG(动词的现在分词形式,如 walking)、VBN(动词的过去分词形式,如 beaten)等。目前计算机已基本能够对英语自动赋码,其趋于成熟的赋码技术正确率高达 96%~97%。

句法赋码也就是对文本中每一个句子的句法进行标注。以 UCREL 概率句法赋码系统为例,其句法赋码系统分三个步骤:

第一步:给予文本中每一个词它可能的句法码。这一步骤主要依靠译本可以对文本每一个词都标明其可能的词类码和其对应的句法符的专业性词典。

第二步:通过找寻一些特殊的句法片断和语法码形式,对句法的结构进行相应的修改。

第三步:在完成所有的句法分析并一一赋值后,从中挑选出可能性最大的句法并将其作为每句的最终分析结果。

5. 语料库的检索

我们常说的计算机语料库主要包括了两个方面——语料库本身(语料库电子文本)和语料库搜索引擎(语料库索引工具)。

(1)语料检索工具

所谓检索,也就是当语料数据库建成以后,便可从库中提取信息的过程。检索效果的好坏要看是否充分使用了检索手段,但最终结果却还是依赖于语料库本身能提供信息的多少。

语料库的检索功能现在越来越精细,操作也越来越方便,检索界面也比较简单,只需要用简单的中英文字词级别的语言形式进行查找。其检索的方法和所获得的检索内容与检索工具的设置有关,不同的辅助翻译软件中的语料库检索工具是有细微的区别的,但大致的操作和功能是类似的。

搜索工具的主要功能有,词表生成、语篇统计、关键词索引、排序、词图统计、主题词提取等一系列的功能。现在网络市面上提供了一些可以利用的软件工具,如 MicroConcord、Concordance、TACT、Wordsmith Tools,等等。我们可以通过此类工具进行语料的索引,查找各词语索引行扩展语境的功能和搭配词等,并且用户还可以将索引的结果进行存储使用。

MicroConcord:它的主要功能是可以进行在语境中的关键词的检索。通过此工具,可以轻松查看到关键词所在篇章。

Concordance：除了大部分索引工具所具有的功能之外，它还具有其独特之处。它可以把搜索结果自动生成 HTML 网页供使用者自由浏览。此外它还是一个独立的软件，用户还可以使用它对其他任何语料库文本进行搜索分析。

TACT：它具有在全文中进行搜索、查找语境中的关键词、统计词频、生成词表、搭配词语、自动匹配、提取等许多较为强大的功能，综合来说，它是一个语料库索引软件包。

Wordsmith Tools，它主要具有以下四大功能：

1）生成词表，并且按照字母和词频分别排序且提供多种统计信息；

2）进行关键词的提取。可以查找出该关键词在篇章中的分布，还可以查出该关键词的相应联想词汇；

3）提供搭配词的分配和词汇形式表的分布信息。给使用者提供了对词汇进行分析的多种角度；

4）查询结果可转换为表格形式，并读入到 Excel、MS Access 等数据库中进行相关的数据统计分析。

对于语料库所拥有的工具，与语料库的加工和处理密切相关。如果没有语料库工具的存在，语料就没有任何的意义与价值，所以语料库工具是语料的关键，也是整个计算机辅助翻译软件的核心，并且所有语料库工具不能单独存在，它们彼此制约又相互辅助，同时管理语料，这样的语料库才有真正的价值。

（2）检索的单位

对于检索内容的大小有几个固定的大小单位：词、短语、句子、篇章。不同的检索单位所得到的检索内容的大小是不一样的。如果检索单位比较小，如词或短语，得到的内容就比较简单，在筛选时就相对较容易，工作量相对较小，并且更容易检索出对应的内容，因为配比率更容易达到。但是这和篇章相比有一个缺点，就是翻译目标内容多，即词的数量多，操作量就会随之增多。如检索单位较大，如篇章，就可以一次性得到大量的内容，所以我们在选择搜索单位的时候要综合我们的搜索内容根据情况而定。

（3）搜索方式

1）Word 文档的检索

Ctrl+F：这个键盘操作是对 Word 文档的检索，同时按下两键，Word 文档左边就会出现一

个导航框,然后在搜索区输入想搜索的关键字词,我们想要查找的内容就可以呈现出来。如输入"语料库":

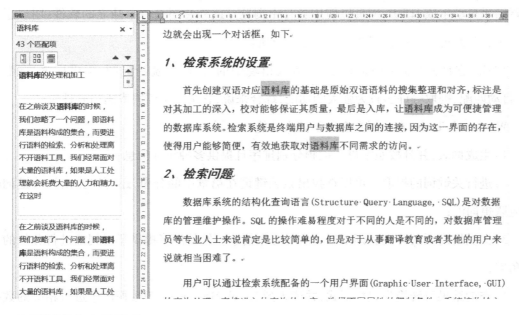

2)语料库内容的搜索

以 SDL Trados 2007 为例,操作步骤如下:创建记忆库,打开记忆库,打开 Word 文档(要进行翻译的文件),文件→选项→加载项→模板,转到→添加 TRADOSB→单击启用。此时 Word 文档就与语料库连接上了,我们就可以通过加载项进行逐句翻译与相关搜索。

(4)检索问题

数据库系统的结构化查询语言(Structure Query Language,SQL)是对数据库的管理维护操作。SQL 的操作难易程度对于数据库管理员等专业人士来说相对简单,但对于从事翻译教育工作人员或者其他用户来说就相对困难了。

用户可以通过检索系统配备的一个用户界面(Graphic User Interface,GUI)进行查询处理,直接进入待查询的内容,然后选择不同属性的限制条件;系统接收输入信息后就会执行转换后的 SDL 的指令语句。

检索实际上就是用户指定搜索的内容,所需内容与数据库中的某一内容配比率达到要求就会被找出来。从上下文介绍的数据库结构设计中可以看出:所有翻译文本外在属性(文体、语体、写作时间及类型等)的字段取值都来自固定集合,并且取值是唯一的。

（5）检索所需存储方式

语料的最常用储存方式是纯文本，纯文本顾名思义也就是只有文字，不支持任何其他字符格式，如粗体、斜体、下划线、表格框等。语料以这种方式存储占用空间极小，并且几乎所有的检索软件都支持。

（6）检索系统的设置

正如前面章节所讲到的创建双语对应语料库的基础是原始双语语料的搜集整理和对齐，标注是对其加工的深入，校对能够保证其质量，最后是入库，让语料库成为便捷管理的数据库系统。检索系统是终端用户与数据库之间的连接，因为这一界面的存在，使得用户能够简便、有效地获取对语料库不同需求的访问。

6. 注意事项

在语料库的建立过程中，我们首先要注意到一个实际的问题：在选用网络上他人的材料时要取得相关版权许可证明。例如，引用一些论文、出版刊物的文章、社交媒体上他人发表的文章等。尽管在进行一些小规模的材料编辑、出版时这一步可以交给版权编辑处理，然而在建立一个合法的、庞大的语料库时，这一步的工作量是巨大且十分不易的。然而，这一步却是必不可少、重中之重的，这有利于在世界范围内规范语料库并进行相应的维持。因此，如果有参考他人的材料的出版商应当与原文作者取得联系并正式签订相关合同，以避免之后不必要的合同纠纷。

再有就是专业人员的协调整理工作，这是建立在关系数据库的基础之上的。如果没有人力参与处理加工，是无法从庞大的语料库自动获取数据库的。

（三）维护

建立语料库是基石，那么其后续工作——定期的维护和升级，就是在每隔一段时间后对它进行打磨和加工，使它得以保持一个良好的状态以供使用也是相当重要的。在语料库建立好后，也许会有一些问题需要订正或者相应的语言表达需要及时更新，此时用户可以根据自身需要对语料库进行相应的调整。此外，还要定期对处理、分析工具和操作系统进行检查和更新。因为只有定期维护语料库，它才可以长久地提供有效服务。

第三节　翻译记忆

翻译记忆(Translation memory，TM)系统是一种语言学数据库，它可以进行源文档和其译文的存储和检索，从而使翻译人员在翻译新文件时使用其中的一些部分，以达到节省时间和拓展思路的作用。

翻译记忆(Translation memory)是计算机辅助翻译(Computer-aided translation，CAT)的技术之一，也是译者工作站(Translator's workstation)的重要组成部分。它的工作原理为：使用者通过现有的文件及其译文，建立起一个或多个翻译记忆库。在之后开启新文档的翻译过程中，这个翻译记忆库就相当于一个搜索工具，其系统将会自动检索翻译记忆库中与所翻译的文档中相同或相似的句子的翻译(比如段落或句子)，从而使用户避免了重复劳动，节约了时间。现在翻译记忆系统在翻译中也起着越来越重要的作用，各类翻译公司也都要求译员会使用 TM，那么我们如何使用呢?

依据翻译文字处理的环境的不同，翻译记忆库的使用方法大致分为以下两种——嵌入式和独立式。其大致操作方法如下：

(一)嵌入式

嵌入式系统需要借助文字处理程序 Word 作为其工作界面，翻译工作仍然是在 Word 中进行；借助 Word 当中的 VBA 功能增加用于翻译的工作栏和宏命令。

以 Trados 2007 为例，操作过程如下图所示：

第一步：打开翻译记忆库及待翻译文档，单击文档文件——选项，在弹出窗口选择"加载项"，如下图，并在右边管理的下拉菜单中选择"模板"，之后单击"转到"。

第二步:添加模板及加载项。

模板路径为:C:\Program Files\SDL International\T2007\TT\Templates\TRADOS8.dot ,并单击"确定"。

第三步：加载成功后，则可以在文档顶栏看到加载项按钮。

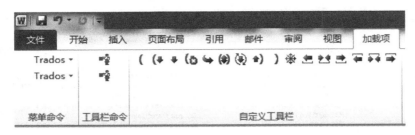

第四步：使用 Trados 进行翻译，将鼠标光标位于句首，单击加载项的自定义工具栏左起第二个按钮即可开始翻译。

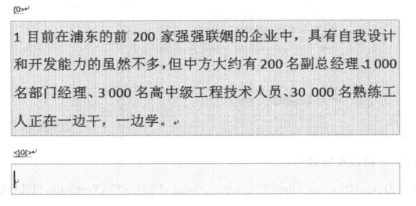

第五步：若需要对翻译材料中的信息进行精准查阅时，只需要选择需查询的文字，并单击自定义工具栏左起第十个按钮，可以在先前建好的 workbench 看到查询结果，如下图所示：

(二)独立式

独立式系统的翻译过程不需要在 Word 文档里进行翻译操作,全部翻译工作都在系统内进行。翻译之前通过各种内置过滤器(filter)将相应格式的文档中的源语言导入,在系统内部完成翻译之后导出为源文档格式的译文。同样以 Trados 2007 为例,在软件内部翻译过程如下图所示:

第一步:单击开始列表下的 Shoutcuts→TagEditor。

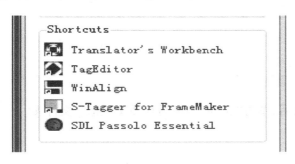

即可得到以下页面:

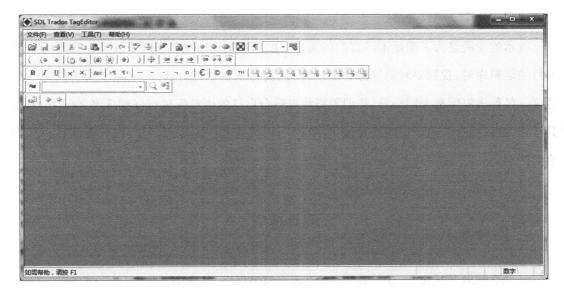

第二步：单击文件——打开，打开需翻译的文档，进行翻译。如下图所示：

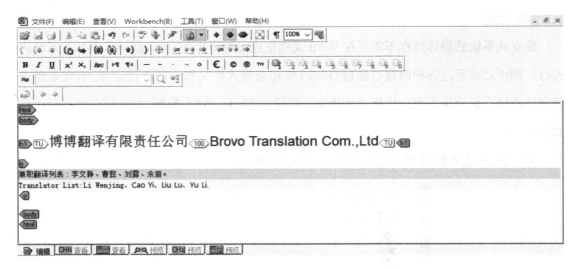

第三步：翻译完成后，单击"文件"——另存译文至指定文件夹。

结　语

技术的发展是为了满足不同客户的需求，随之语料库的种类也越来越多。在面对琳琅满目的语料库时，我们要时刻保持头脑清醒，认真并慎重地进行选择，一定不要盲从他人的建议。各种语料库都大同小异，我们需要找准适合自己的语料库进行仔细琢磨并学习，掌握其操作，之后面对其他语料库的时候，就可以用相同的方法去处理，过程中只需注意一些细小的区别。

课后练习

1. 结合语料库的概念，谈谈你对一个"优质的语料库"的理解。

2. 简述语料库的收集发展历程。

3. 讨论当代语料库的收集有哪些渠道？

4. 如何对语料进行搜索？

5. 简述翻译记忆嵌入式与独立式的区别。

第四章

术语与术语库

近些年,科技发展日新月异,各个方面都得到了快速的发展,而翻译的环境较之前发生了巨大的变化,计算机辅助翻译(Computer-aided Translation,CAT)在 21 世纪也渐渐开始崭露头角,越来越多地被应用到多个领域的方方面面。计算机辅助翻译是一个广泛的和不精确的术语,涵盖了一系列的工具和内容。在这其中,术语是实施计算机辅助翻译的基本,因此我们要明白术语与术语库的概念,然后运用相应软件又快又好地建立术语库,从而实现提高翻译相关人员的译文效率和保障译文质量。

第一节 术语的定义

术语是指在某一特定领域内,表达一个特定科学概念的词,是科学概念的语言符号,也是科技信息交流的载体。术语是集专业性、科学性、单义性、系统性、本地性这五个特性为一体的独特的语言符号。在计算机辅助翻译的实践与应用中,术语的运用范围包括原文中出现的一些高频词语,还包括一些需要在译文中保持统一译名的词语,我们可将这些词语提取出来作为术语而供译者们使用。

（一）术语的构成要求

1. 单名单义性

在创立新术语之前应先检查有无同义词，如果有同义词，就在已有的几个同义词之间选择最能满足术语各项要求的术语。即同一个概念只表达一个术语，一个术语只表达一个概念。

2. 顾名思义性

顾名思义性又称透明性。指可以通过术语明白其要表达的中心意思。它可以使人一目了然，例如你在游戏中使用 HF：have fun（玩得愉快），其他玩家可以立马明白你的意思，这就叫顾名思义性。

3. 简明性

术语要求简洁明了，不要有修饰性的语言，以提高效率。也就是说，它不需要运用什么修辞手法，遣词造句，就是好记的表达。

4. 派生性

派生性又称能产性。术语要具有较强的组合能力，中心术语越简洁越好，便于在其前后增添文字，形成新的术语。比如一个法律术语 action 它的意思是诉讼，那么在其前面添加 civil ，就变成了 civil action"民事诉讼"。

5. 稳定性

术语不应该轻易有所变动，尤指应用范围广、频率广的术语。因为这些术语本身流传较广，所以涉及方方面面的问题，如果轻易改动，也许会造成一些表达和理解的偏差，甚至引起一些不必要的麻烦。

6. 合乎语言习惯

术语的用字遣词要符合语言习惯，力求不引起歧义，不带有褒贬等感情色彩的意蕴。例如一些相对行业的专业术语，我们就需要针对其行业特点进行翻译。例如"In such cases, heart murmur is often present."我们翻译为，"在此病例中常出现杂音"。其中"murmur"的翻译便切合了医学专业人员的用语习惯。

(二)术语的作用及在各个领域内的广泛应用

俗话说"闻道有先后,术业有专攻",如医学、法律、游戏等领域中都有一些固定用词,这些固定用词就被称为术语。当译者需要在某一特定领域进行计算机辅助翻译时,就可以调用相应的术语库。正确应用术语,从而确保译文的一致性,使文档整齐划一,译文质量也能得到保证。下面从医学、法律和游戏三个方面进行举例说明。

1. 医学

医学英语与科技英语的某些方面较为相似,比如说都需要具备规范严谨、客观求真的特点。因此,为了避免出现歧义或产生疑问,想要准确无误地在翻译过程中表达出原文所想要表达的含义和信息,就需要使用相应的医学专业术语,使得译文的结构更加紧凑、有清晰的逻辑表达并且具有科学可信性。

例如在医学解剖时使用的一些英语专业术语:

superior(上)、inferior(下)、anterior(前)、posterior(后)、cranial(头侧)、caudal(尾侧)、ventral(腹侧)、dorsal(背侧)、medial(内侧)、lateral(外侧)、vertebrae(椎骨)、sternum(胸骨)、thoracic vertebrae(胸椎)、cervical vertebrae(颈椎)、lumbar vertebrae(腰椎)……

此外,由于医学文献的受众群体多为从事医学的相关人员,所以在英译汉时所翻译出的文章要使用相关医学术语来表达并且符合医学专业人员的用语习惯。

例1:In such cases, heart mumur is often present.

在这句话中,"murmur"我们知道它在一般英语中是"低语,低语声";但是在医学翻译中却需要被翻译成"心区杂音"。因此,这一句话的意思应该为"在此病例中常出现杂音"。

例2:Lymph nodes are enlarged but are not tender.

在这句话中,"tender"我们知道它在一般英语中是"温柔的,柔软的";但是在医学英语中却需要被翻译为"有触痛的",因此,这一句话的意思应该为"淋巴结肿大但无触痛"。

2. 法律

由于法律工作其本身带有的与生俱来的严肃性,使得在法律中的行业术语具有严谨精密、词义单一而固定的特点,我们把具有这一类特征的行业术语叫作法律专业术语。

例如：

"negligence(过失)"一词，我们不能用"failure in murder"替代。

"attach"在一般英语中是贴上，依附的意思，而在法律英语中则指扣押财产，"attach the property"：扣押财产。

"action"在一般英语中是行动，活动的意思，而在法律英语中则理解为诉讼，相当于"suit"或者"lawsuit"，如"win an action"：在诉讼中获胜。

"accord"在一般英语中是一致、符合的意思，而在法律英语中则表示"和解"。例如"reach an accord"：达成和解协议。

exclusive jurisdiction(专属管辖)、investigate for criminal responsibility(追究刑事责任)、confession to justice(自首)、private-prosecuting case(自诉案件)、self-defense(自行辩护)、civil case(民事案件)、civil tribunal(民事审判庭)、civil action(民事诉讼)等。

3. 游戏

游戏术语是指在游戏中被多数人使用，约定俗成的一些特定游戏表达。

下面介绍一些常用的游戏术语，以暴雪公司架设的游戏对战平台上的部分术语为例：

(1)AA：指"对空"，指可以用来歼灭飞行部队或攻击空中目标的角色。游戏中有：弓箭手、火枪手等。

(2)BM：Bad Manner，没礼貌。

(3)Creeping：通过清除野生单位来获得经验值和物品的过程。

(4)D：defense(防御)的简写，一般指防御建筑，如防御塔。

(5)GL：Good Luck(祝好运)的简写。

(6)HF：have fun(玩得愉快)的简写。

(7)KA：kill all(全部歼灭)的简写。

第二节 面向翻译建立术语系统的必要性

对于职业译员来说，术语的处理工作是他们工作的基础，是从整理和翻译术语、建立源语言和目标语言对照的术语表开始的。所以术语系统的建立可以帮助译者解决很多翻译方面的问题;可以帮助存储、检索并且更新术语库,确保术语的及时性、有效性,与时俱进;在此基础上,可以为译者提供一个更加高效的翻译条件,从而使译文更加完整可靠,保证翻译的质量以及翻译的一致性。

在使用术语的过程中,使用者可以建立一个或多个标准术语列表,在使用工具进行翻译的过程中,导入相应的术语列表,在翻译的过程中就会自动跳出对应文字的术语翻译,自动识别出哪些是已经有了定义的术语,并且会在框内给出相应的标准答案,从而提高翻译的速度,避免了大批量校对的麻烦。

术语系统的建立有利于资源的共享,帮助译者提高和了解更多专业知识和专业术语,从而提高译者的翻译水平和相关专业的能力。

第三节 术语库及其在计算机辅助翻译中的应用

(一)术语库的定义

术语库是一个包含术语和相关信息的数据库,又称为自动化词典,是术语研究和词典编纂发展过程中的一个新阶段。它充分利用计算机特有的功能,大量储存各种术语,同时还能随时补充和更新术语,有力地加强了对术语的管理,最大限度地适应了科学技术飞速发展对术语提出的新要求;输入计算机的术语,要求具有明确的概念和准确的名称,输出的术语应符合规范化的要求,这就促进了术语标准化和规范化的进程;同时它也是一种最现代化的术语传输手段,能准确及时地向各方面的用户提供术语信息。

(二)术语库的建立(以 Trados 2011 为例)

第一步:打开 SDL MultiTerm 2011 Desktop 软件。

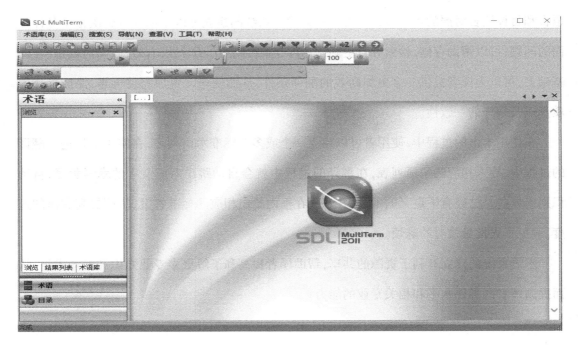

第二步：单击进入"创建术语库"。

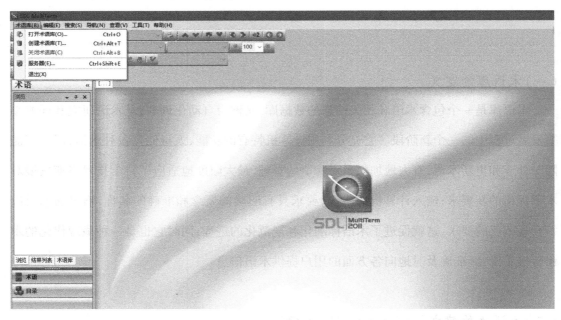

第三步：设置术语库保存的位置和术语库的名称。

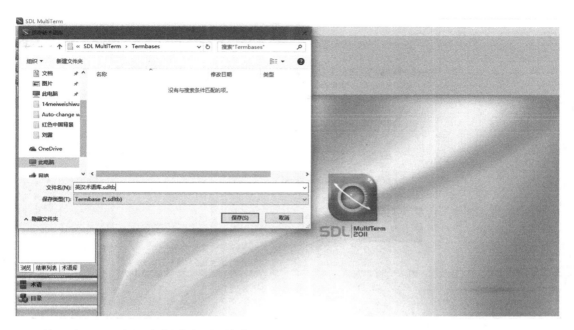

第四步：进入术语库创建向导，单击"下一步"。

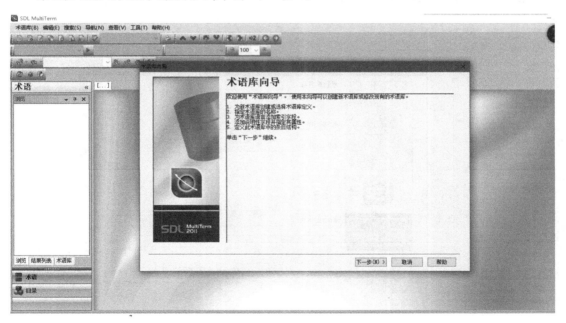

第五步：单击"使用预定术语库模板"单选按钮，保留默认选择：双语词汇表。单击"下一步"。

第六步:在"用户友好名称"中随意输入。

第七步:在本页面选择语种。这里我们选择 Chinese 和 English,单击"下一步"。

第八步：这里用来修改字段的说明文字，可忽略，单击"下一步"。

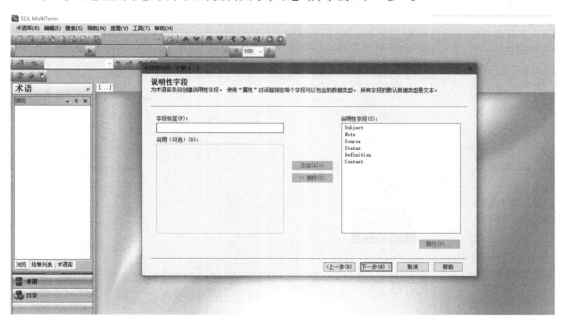

第九步：这里是记忆库的显示结构，可忽略，单击"下一步"。

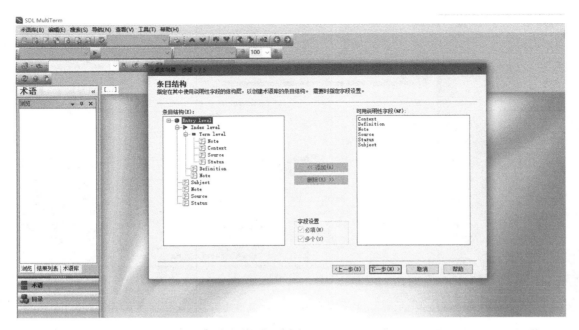

第十步：单击"完成"。至此，我们的术语库就创建好了。

第十一步：单击"目录"按钮，可以看到新创建的术语库的基本情况都在这里。在这个界面你可以进行导入、导出等所有操作。由于目前所创建的术语库里并没有内容，所以这里显示"0"。

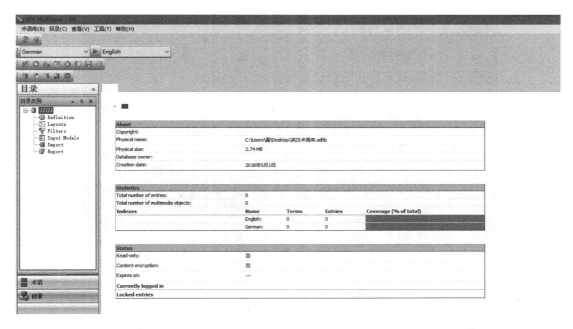

另外，Trados 还可直接用 Excel 做术语库：

第一步：在 Excel 内准备一个术语表。

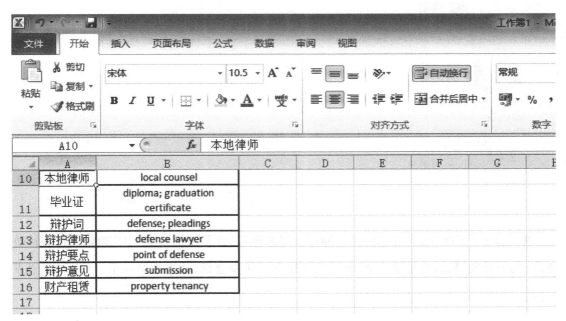

第二步：打开电脑，安装 Trados 2011 之后，在电脑"开始"选项中有一个 SDL 文件夹，再单击"MutiTerm 2011"可以找到"MutiTerm Convert"并单击。

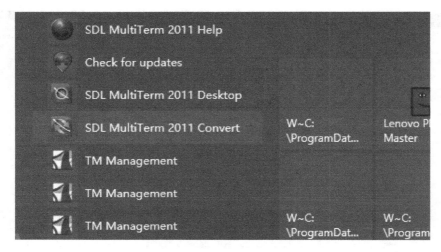

第三步:单击图标,单击"下一步"即可。界面里有"新建转换会话"和"加载现有的转换会话"两个选项,默认的是第一个,如果没有建立过转换会话,就选择第一个。然后单击"下一步"。

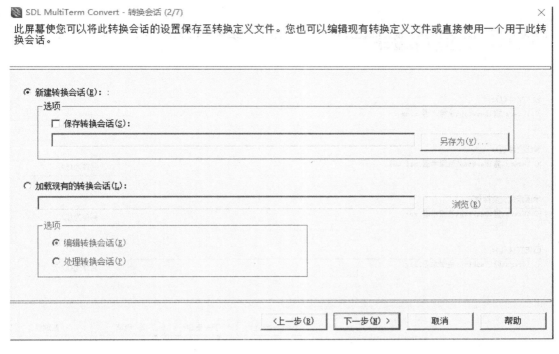

第四步：选择倒数第二项"**Microsoft Excel**"选项。选择之后，单击"下一步"。

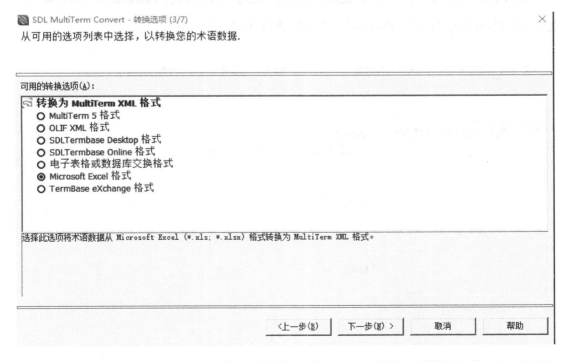

第五步：添加上之后，这三个文件会自动保存到与 Excel 术语表相同的文件夹中，也可以重新选择需要保存的位置。

第六步：继续单击"下一步"。设置标题字段，先选中 CN 列，将字段指定为"Chinese"，再选中 EN 列，将字段指定为"English"。指定完成后，单击"下一步"。

第七步：一直单击"下一步"，直到开始转换，耐心等待一会儿，单击"完成"。

SDL MultiTerm Convert - 转换中 (9/10)   ×

正在转换术语数据，请等待.

2 条目已成功转换.

〈上一步(B) | 下一步(N) 〉 | 取消 | 帮助

SDL MultiTerm Convert - 转换已完成 (10/10)   ×

转换已完成

您已成功完成转换过程，您现在可以创建新 MultiTerm 术语库并导入术语数据。

〈上一步(B) | 完成(F) | 取消 | 帮助

第八步：我们下面要将转换好的术语导入 SDL 术语库。

双击"SDL Multiterm 2011"术语库，创建一个新术语库。创建完成后，会弹出一个术语

库向导,单击"下一步"。(与上面介绍的术语库创立相同,此处不再赘述)

第九步:选择"载入现在术语库定义文件",选择刚才转换中三个中间文件中的 xdt 格式的文件,然后单击"下一步"。然后自定义用户友好名称和说明。单击"下一步"。

第十步:在设置索引字段时已经将语言设置完成,这里直接单击"下一步"。在说明字段时也单击"下一步",直到完成。还需要将生成的 xml 文件导入术语库。选择"术语库管理—导入",选中第一个项目,单击右键,选择"处理"。

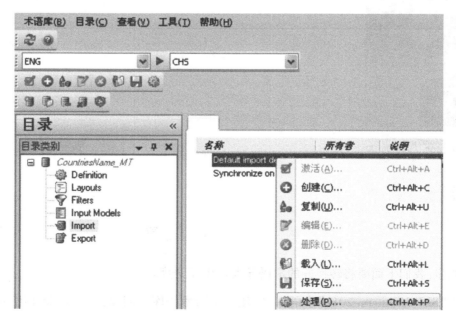

第十一步：选择"导入文件与日志文件"，到生成的"xml"文件，添加之后，日志文件就被自动转入。

术语库的创建方式有多种，具体操作还要学习者自己去探索、学习。

第四节 使用计算机辅助翻译软件创建的术语库的优势

与 Excel 等格式保存的术语表相比，计算机辅助翻译工具所创建的术语库的最大优势是减少工作量。因为它可以直接导入计算机辅助翻译的工具中。在翻译过程中出现术语时，术语库将自动提供相应术语的译文，此时，译员可以快速利用快捷键将术语插入译文框内。此外，绝大多数计算机辅助翻译工具也都具有一边翻译一边进行实时的添加和修改的功能，由此一来，也进一步保证了译文文档的与时俱进性，也使术语库可以更加完善更新。其中，目前比较常用的工具有 SDL MultiTerm、Déjà Vu 等软件。

(一)如何检索相关术语

在将术语库导入相应文档后,有时我们需要检索一些对应词条的专业术语,我们可以直接导入进行搜索,也可以使用一些术语管理系统允许的通配符和截词检索。其中,搜索引擎最常用的符号是星号(＊)和问号(？)等。＊表示替代若干字母,？表示代替一个字母。通配符可以分为"词间通配符"和"全词通配符"两种,截断词检索使用"词间通配符",用截断词的一个局部进行检索。

(二)世界范围内具有代表性的大型公共术语库

1. 欧洲共同体委员会术语库(EURODICAuToM)

欧洲共同体委员会术语库是术语库的始祖,是世界上最早建立的术语库。于 1963 年在卢森堡建立,使用了德、意、法、英、荷、丹麦 6 种语言,主要在翻译工作中使用。截至 1976 年,收录的词条达到 40 万条。

2. 魁北克术语库(BTQ)

这是一个具有规范标准性的术语库,建立于 1969 年,采用了卡片打印、电话或书信等方式传播,具有法、英两种语言。在加拿大政府的重视下也有所发展。

3. 法国标准化协会术语库(NORMATERM)

始建于 1972 年,1976 年年初建成,可以根据字的专题或者次序排列,具有英、法两种语言,可以相互对译。

4. 加拿大术语库(BTC)

此术语库是为了对联邦政府和一切附属于加拿大议会的公共团体所使用的英语和法语术语进行核实和标准化而使用,是具有规范性的术语库。始建于 1970 年,截至 1970 年建立了 60 多个术语网点,并且收录词条多达 80 万条。此术语库可以直接为用户服务。

5. 西门子公司术语库(TEAM)

此术语库是目前规模最大的术语库之一,于 1967 年在慕尼黑建立,截至 1976 年已拥有 3 000 个存储单元,75 万条术语,在近几年又有壮大的趋势,术语达 200 万条。其主要内容是:存储术语数据,包括文献、百科、成语等数据资料。使用语言多样,并且各种语言可以自由增添删改、输入输出、相互翻译。

6. 瑞典技术术语中心术语库(TERMDOK)

一个官方性的术语库,其中术语存储有 7 万多条。其始建于 1968 年,截至 1978 年已有了第四代术语库。旨在从术语的自动化汇编进入,可以进行远程数据传输,还有排序、注释、分类归档等功能。

7. 西德语言管理局术语库(LEXIs)

在初建立时,输入了 12 000 条术语,之后才渐渐形成一套完整的体系。它主要面向翻译人员,为他们的翻译工作提供服务。截至 1976 年,收录的术语达到 90 万条。它的语言用法在标准化过程中应居优先地位,具有权威性。

8. 丹麦术语库(DANTERM)

始建于 1975 年,在 1980 年正式供学者、教授在科教工作中使用。它具有先进的操作系统,也重视术语的应用和推广。

(三)主流的术语库翻译软件简介

1. Lexikon 术语库工具

Lexikon 是由美国 ENLASO 公司发布的。具有定制词汇管理工具的能力,从而便于企事业公司进行数据的整合。软件内置有自动化翻译功能,采用符合 Unicode 编码的语言技术,同时动态支持各种语言组合。此外,还允许用户自由进行创建、发布和管理词汇库。

2. T-Manager 术语库工具

T-Manager 由爱尔兰人 Rafael Guzmdn 响应 MS Excel 表格中自动分析术语的需要而研发。此软件支持从外部导入术语,并且可以根据用户需求自动管理术语库。主要功能是:使术语词库一体化,保证了术语的稳定性,确保翻译中的一致性;可以根据用户需要,对某一术语库进行整改或将旧词汇表转化为 SYSTRAN 机器翻译的词典等。此软件对于相关术语专业人员、语言修订者或者从事翻译相关的人员来说具有很大的帮助作用。

3. Sun Gloss 术语库工具

Sun Gloss 由美国 SUN 公司发布,是专门为其公司的词汇管理工作服务设计的。但它同时也面向公众,它可以定制和导出术语库,以便用户离线使用。

4. AnyLexic 术语库工具

AnyLexic 由乌克兰 Advanced International Translations 公司发布,为多语词典或词汇表而设计。其主要特点是将所有的术语集中存储在一个数据库中,这给翻译人员的相关工作提供了极大的便利。并且还具有快捷的创立、编辑和与其他词典交互使用的特点。

除了这些比较有代表性的术语库工具外,一些计算机辅助软件都自带或拥有配套使用的术语管理工具,如 Trados、Wordfast、Star Transit 和雅信等,供公众在翻译过程中使用。

结 语

如今,计算机辅助翻译也越来越被各行各业在全球范围内所认可、所运用,更加具有国际化的特性。在此大前提下,进一步地促进了国内外文化的交流与沟通,也在一定程度上推动了世界的向前发展。与此同时,如果双方要进行"交流",前提就是语言问题,我们话语中使用当地语言所表达的意思有时候往往需要地道的"翻译"来传达给对方,因此"翻译"这一基础也是重中之重。术语以及术语库在翻译环境中的应用就显得尤为重要,由于历史和其他各方面的因素所产生出的文化差异,在各个方面都会有所体现,那么在基础的交流上,在翻译的过程中我们往往也会产生各种各样的差异,此时专业的术语和术语库在翻译中的应用就保证了译文的本地性、同一性、完整性和标准性,从而消除一些不必要的误会以及不地道的表述,使译文更具专业性和可靠性,从而被传达方所理解。

课后练习

1. 什么是术语?
2. 简述术语的种类。
3. 术语库和术语有什么联系?
4. 如何用 Trados 2011 建立术语库?
5. 除了用 Trados 以外还可以用什么软件创建术语库?

第五章

Trados 2007 版本介绍和使用

第一节 基本介绍

Trados 2007(以下简称 Trados)并非像有道词典此类的词典查询软件,也并非像百度翻译此类的机器自动翻译软件,所以使用 Trados 2007 需要自己建立术语翻译库或翻译记忆库(也就是属于 Trados 自身的词典)。对于初次使用 Trados 的同学来讲,如何操作 Trados 就更是摸不着头脑了。Trados 主要服务于专业从事翻译工作的技术人员与有志于从事翻译的人士,主要用作翻译校对辅助软件。

SDL Trados 2007 中拥有 SDL 软件包技术,使得在翻译过程中可以大大提高效率,如简易地创建、发送和打开文件。而这些文件包含所需的信息、文件和设置,可以使我们精准、快速地进行翻译。

拥有 SDL 数据包这一强大工具,译者可以拥有所需的一切,面对多数的翻译文件,译者都可以立刻着手进行翻译,在短时间、低成本下完成高质量的翻译。自动化批量翻译在一定程度上可以极大推动翻译的速度与质量,这有利于译者及时交付翻译任务。

SDL Trados 提供了效率与质量的完美结合,可以选择 Trados Translator's Workbench、Tag Editor 和 SDLX 编辑环境。与 SDL MultiTerm 的集成提供了强大的术语查找和搜索功能,从而可确保与公司术语保持一致,并显著地减少翻译时间。SDL PerfectMatch™ 是 SDL Trados

2007 SP3 专业版软件的一部分,可进一步降低成本和提高准确性。不需要对 100% 上下文匹配内容进行进一步校对,节省了时间和费用。SDL Trados 2007 有五个核心组件：SDL Translator's Workbench 8、SDLX 2007、SDL MultiTerm 2007 Desktop、SDL PerfectMatch™ 和 SDL Trados Synergy 2007 Client,一个价格,打包销售。

第二节 基本操作

(一)语料整理

前文我们提过,Trados 并非是词典查询软件,Trados 的使用必须基于其自身的语料库,而语料库的建立则是基于处理完成的正确语料,所以使用 Trados 进行翻译的第一步应该是进行语料的整理,必须(并)确保语料的正确性。在整理语料时,我们可以配合快捷键加快我们的处理速度,如"Ctrl+A"全选文档、"Ctrl+C"复制文档、"Ctrl+V"粘贴文档、"Ctrl+X"剪切文档、"Ctrl+Z"撤销操作等。有时需去掉多余空格或段落标记,这时使用"查找""替换"方法,选择查找"^p^p"替换为"^p",文本中的空格即可消失等。以下将以 Microsoft Word 2007 软件与任意语料为例详细阐述。

第一步:语料准备,准备英汉对照的双语文档,可以是两个文档,其中一个中文,一个英文;也可以是英中上下对照或左右对照的单文档。需要特别注意的是,无论哪种形式,原文与译文都需要一一准确对应,因为这是后续软件识别的重要基础。且文档格式最好是简单容易识别的格式。比如我们在 Word 中准备一篇英中双语对照的文档。

第一产业（农业）
agriculture (primary industry)
第二产业（工业）
manufacturing industry (secondary industry)
第三产业（服务业）
service industry (tertiary industry)
主要经济指标
major economic indicators
国内生产总值
GDP gross domestic product
国民生产总值
GNP gross national product
人均国内生产总值
GDP per capita
宏观经济
macro economy
互助基金
mutual fund
扩大内需
expand domestic demand
不景气
slump

此时，我们可以发现，语料的基本形式应该是以表格存在，中文英文分开，分别置于左右两栏，显然上述语料并不符合要求，为此需要对语料进行一定的加工，将上面的一段语料整理为中英对应的格式。

第二步：打开"译文"文件："Ctrl+A"全选文本——单击顶栏的"插入"→"表格"→"文本转化为表格"。选择表格下拉菜单，单击将"文字转换为表格"，选择"段落标记"，列数调整为2，单击"确定"。

需要注意的是，此时处理语料时一定要仔细核对，计算机只识别段落标记，中英文应一一对应，材料少时较好处理，材料多时就一定要睁大眼睛，仔细比对，一旦漏看，或漏查，语料库建立便会出错，下一部进行相关搜索就会很难。

（1）

第一产业（农业）
agriculture (primary industry)
第二产业（工业）
manufacturing industry (secondary industry)
第三产业（服务业）
service industry (tertiary industry)
主要经济指标
major economic indicators
国内生产总值 （商品和劳务币值总和，不包括海外收入支出）
GDP gross domestic product
国民生产总值 （商品和劳务币值总和，包括海外收入支出）
GNP gross national product
人均国内生产总值
GDP per capital
宏观经济
macro economy
互助基金

（2）

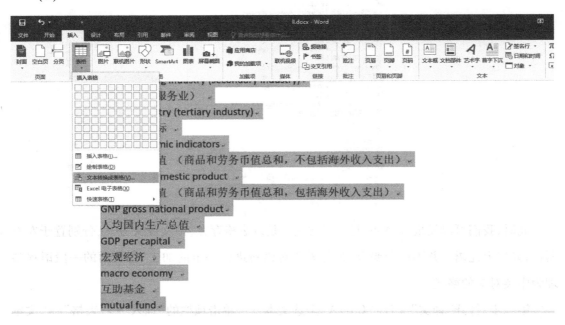

（3）

第三步：经过以上的操作，原文便是以表格的形式呈现。

第一产业（农业）	agriculture (primary industry)
第二产业（工业）	manufacturing industry (secondary industry)
第三产业（服务业）	service industry (tertiary industry)
主要经济指标	major economic indicators
国内生产总值（商品和劳务币值总和，不包括海外收入支出）	GDP gross domestic product
国民生产总值（商品和劳务币值总和，包括海外收入支出）	GNP gross national product
人均国内生产总值	GDP per capital
宏观经济	macro economy
互助基金	mutual fund
扩大内需	expand domestic demand
不景气（衰退）	slump（recession）
财政赤字和债务	deficits and the national debt
技术密集型	technology intensive

第四步：复制表格时，把鼠标放置在表格最上方，就会出现向下的小箭头，单击就能选中表格。此时用"Ctrl+X"剪切文档，剪切左侧文档，此时文档中留有英文格式的文档，单击"文件→另存为"得到的文件用 RTF 格式保存，命名为带有可标识的记号，记得是英文文档；用"Ctrl+V 粘贴文档"，粘贴回刚刚剪切的文档。

（1）复制表格时，把鼠标放置在表格最上方，就会出现向下的小箭头，单击"↓"就能选中表格。

第一产业（农业）	agriculture (primary industry)
第二产业（工业）	manufacturing industry (secondary industry)
第三产业（服务业）	service industry (tertiary industry)
主要经济指标	major economic indicators
国内生产总值（商品和劳务币值总和，不包括海外收入支出）	GDP gross domestic product
国民生产总值（商品和劳务币值总和，包括海外收入支出）	GNP gross national product
人均国内生产总值	GDP per capital
宏观经济	macro economy
互助基金	mutual fund

（2）此时用"Ctrl+X"剪切文档，剪切左侧文档，此时文档中留有英文格式的文档。

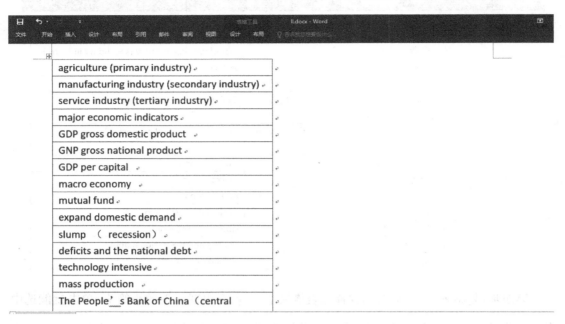

（3）单击"文件→另存为"得到的文件用 RTF 格式保存，命名为带有可标识的记号，记得是英文文档。

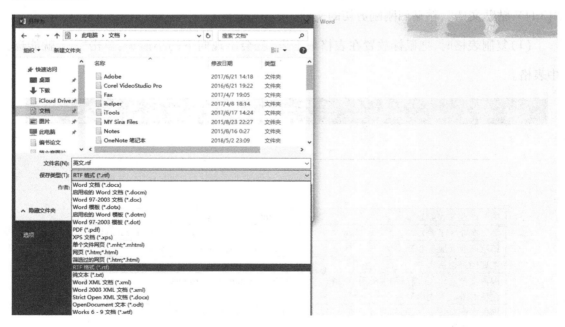

（4）用"Ctrl+V"粘贴文档，粘贴回刚刚剪切的文档。

| 日 り ♡ ⌄ | 表格工具 | II.docx - Word | 囝 |
| 文件　开始　插入　设计　布局　引用　邮件　审阅　视图　设计　布局 | | ♀ 告诉我您想要做什么 | |

agriculture (primary industry)	第一产业（农业）
manufacturing industry (secondary industry)	第二产业（工业）
service industry (tertiary industry)	第三产业（服务业）
major economic indicators	主要经济指标
GDP gross domestic product	国内生产总值 （商品和劳务币值总和，不包括海外收入支出）
GNP gross national product	国民生产总值 （商品和劳务币值总和，包括海外收入支出）
GDP per capital	人均国内生产总值
macro economy	宏观经济
mutual fund	互助基金
expand domestic demand	扩大内需
slump　（ recession ）	不景气 （衰退）

　　同样的操作步骤，"Ctrl+X"剪切文档，剪切右侧文档，此时文档中留有中文格式的文档，单击"文件→另存为"得到的文件用 RTF 格式保存，命名为带有可标识的记号，记得这次是中文文档。

　　（1）同样的操作步骤，"Ctrl+X"剪切文档，剪切右侧文档，此时文档中留有中文格式的文档。

| 日 り ⌄ | 表格工具 | II.docx - Word | 囝 |
| 文件　开始　插入　设计　布局　引用　邮件　审阅　视图　设计　布局 | | ♀ 医诉找您的要做什么 | |

| 第一产业（农业） |
| 第二产业（工业） |
| 第三产业（服务业） |
| 主要经济指标 |
| 国内生产总值 （商品和劳务币值总和，不包括海外收入支出） |
| 国民生产总值 （商品和劳务币值总和，包括海外收入支出） |
| 人均国内生产总值 |
| 宏观经济 |
| 互助基金 |
| 扩大内需 |
| 不景气 （衰退） |

（2）单击"文件→另存为"得到的文件用 RTF 格式保存，命名为带有可标识的记号，记得这次是中文文档。

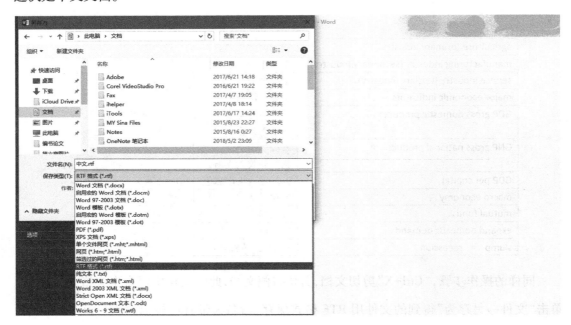

做成中英文对照或英中文对照格式，以备后面建语料库用；这样的语料便是我们接下来建语料库要使用的语料。

第一产业（农业）	agriculture (primary industry)
第二产业（工业）	manufacturing industry (secondary industry)
第三产业（服务业）	service industry (tertiary industry)
主要经济指标	major economic indicators
国内生产总值（商品和劳务币值总和，不包括海外收入支出）	GDP gross domestic product
国民生产总值（商品和劳务币值总和，包括海外收入支出）	GNP gross national product
人均国内生产总值	GDP per capital
宏观经济	macro economy
互助基金	mutual fund
扩大内需	expand domestic demand
不景气（衰退）	slump (recession)
财政赤字和债务	deficits and the national debt

本书第三章对广义的语料库进行了比较详细的介绍，本章主要针对翻译使用的自建本地句库进行介绍。

(二)语料库建立

第一步:打开 Trados 2007,单击 Trados 页面左边一栏中的 WinAlign,单击开始列表下 Shoutcuts→WinAlign。

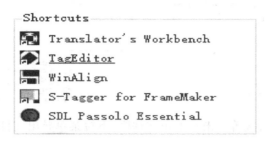

第二步:语言选择,并选择左上角的文件,下拉菜单,选择"新建项目",并且在源语言下选择中文,目标语言选择英文。如下图所示:

第三步:匹配文件,单击顶栏的文件,在左边那栏单击"添加文件",添加的文件为之前保存好的中英文.rtf 文件语料,单击"匹配文件名",然后单击"确定"。具体如下图所示:

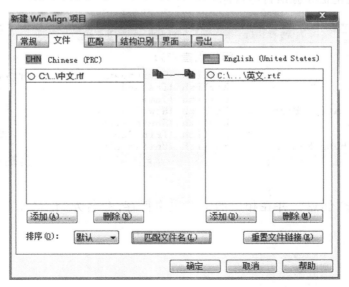

紧接着会弹出一个窗口,双击左边红圈内一栏,使其匹配成功。

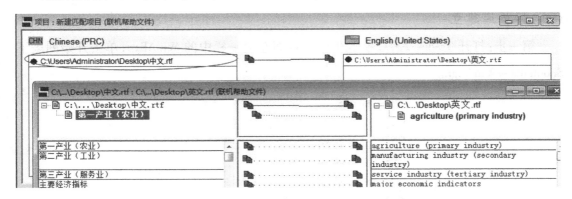

第四步:导出文件对,接着单击左上角文件栏,下拉菜单导出文件对,保存到相对应的文件夹,命名为"导出文件对",完成后便可关闭窗口。

(三)建立翻译记忆库(Translation Memory)

第一步:打开 Trados,选择"创建翻译记忆库"。

第二步:设置记忆库源语言与目标语言。

第三步:单击"创建",并在相应的文件夹中保存,命名为"记忆库"。即可得到下图界面。

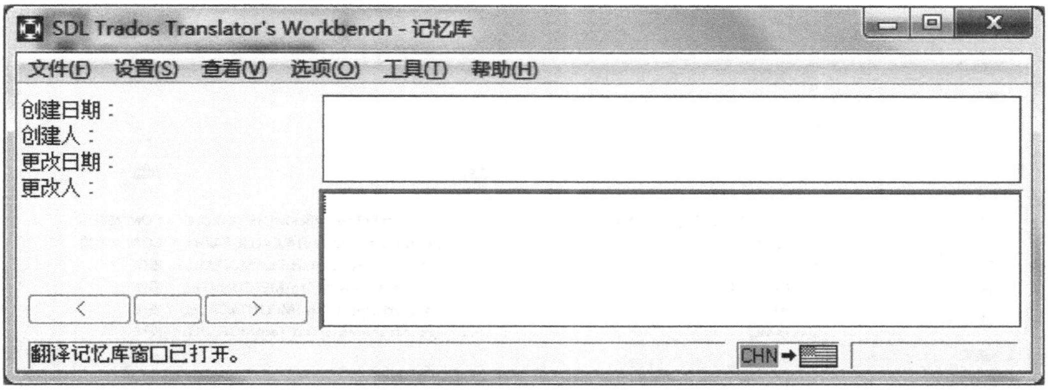

第四步:单击文件下拉菜单,选择单击"文件"→"导入",选择之前导出的文件对,完成文件的导入。

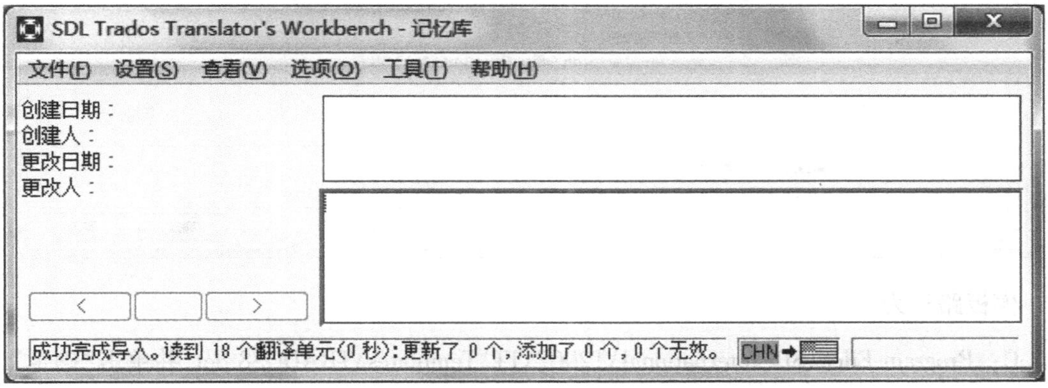

至此,我们就基本完成了对 Trados 的语料库的建立、语料整理以及录入的操作了。接下来,我们就要在 Word 文档中应用 Trados 来进行翻译实际操作。

第三节 各类型文档翻译

(一) Word 文档翻译

打开待翻译文档,选择左上角文件按钮,选择"选项",在弹出窗口单击"文件→选项",即可弹出 Word 选项窗口,此时单击"加载项",如下图所示,在右边管理的下拉菜单中选择"模板",单击"转到"。

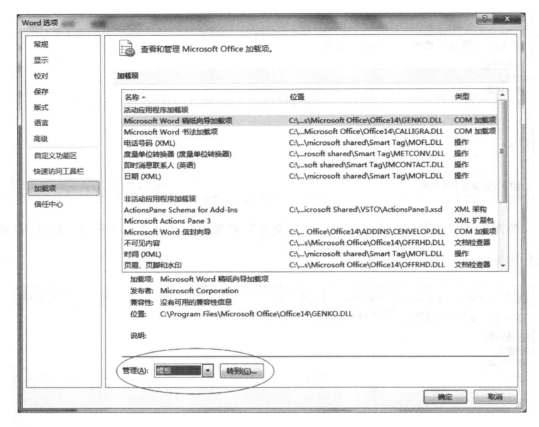

模板路径为：

C：\Program Files\SDLInternational\T2007\TT\Templates\TRADOS8.dot，并单击"确定"。

若加载成功,则可以在顶栏看到"加载项"按钮。

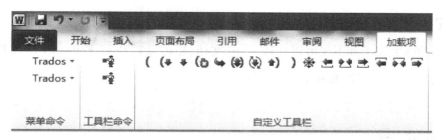

使用 Trados 进行翻译时,在句首单击,使鼠标光标位于句首,并单击"加载项"的自定义工具栏左起第二个按钮。

{0>↵

1 目前在浦东的前 200 家强强联姻的企业中,具有自我设计和开发能力的虽然不多,但中方大约有200 名副总经理、1 000 名部门经理、3 000 名高中级工程技术人员、30 000 名熟练工人正在一边干,一边学。↵

<0}↵

|

若需要对翻译材料中的信息进行精准查阅时,只需要选择需查询的文字,并单击自定义工具栏左起第十个按钮,便可以在先前建好的 workbench 看到查询结果,如下图所示:

(二)PPT 文件格式的翻译

Trados 的强大在于其不仅可以处理 Word 文档,还可以对 PowerPoint(PPT)文件进行翻译,以下以任意 PPT 文件 Microsoft PPT 2010 为例。

第一步:我们要在 Trados 首页面的左栏选择 TagEditor 按钮,单击开始列表下的 Shoutcuts→TagEditor。

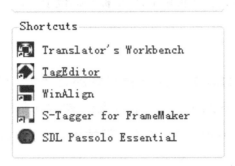

第二步:在弹出的页面中,选择文件下拉菜单,单击"打开",或者直接使用快捷键"Ctrl+O",并在文件类型下拉菜单选择"所有文档",找到对应文件。

第三步：文件成功打开后，将光标置于句首，即"目前……"之前，如下图所示：

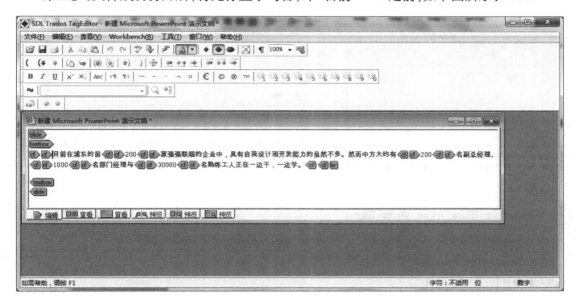

第四步：我们就可以单击按钮栏中左起第二个按钮进行翻译，如下图所示：

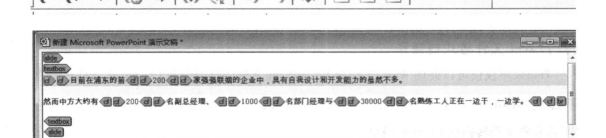

第五步：若希望对文档进行精准查询时，可以先选中文档内容，然后选中上方按钮栏的左起第十个按钮，如下图所示：

第六步：提取先前准备的语料库内容，如下图所示：

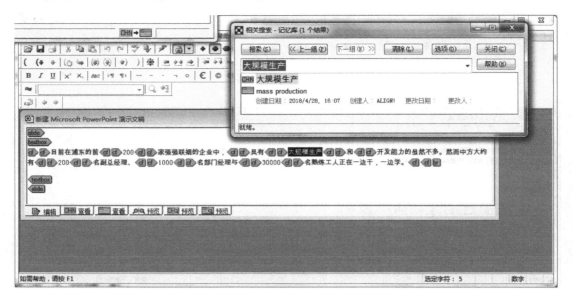

至此 PPT 内容已完成翻译，回到原文档就会发现，翻译内容已以与原 PPT 文件相同的格式呈现了出来。

（三）Excel 文件格式的翻译

Trados 不仅仅可以处理 Word 文档和 PowerPoint 文件，它同样可以对 Excel 文件进行翻译处理；具体步骤与 PPT 的操作大致相同，但不同的一个步骤就是如原文件在 Word 文档内，需要将文档转换在 Excel 表格里。

第一步：打开 Trados 2007，单击开始列表下的 Shoutcuts→TagEditor。

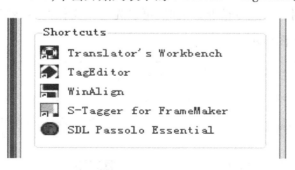

即可得到以下页面：

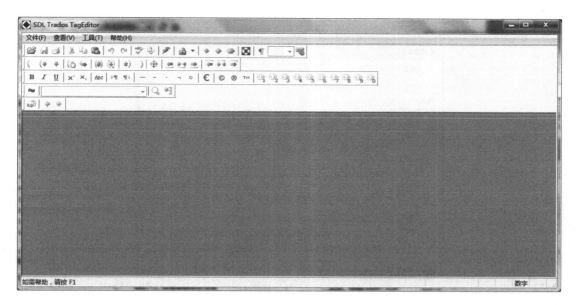

第二步:单击"文件→打开"Excel 进行翻译。如下图所示:

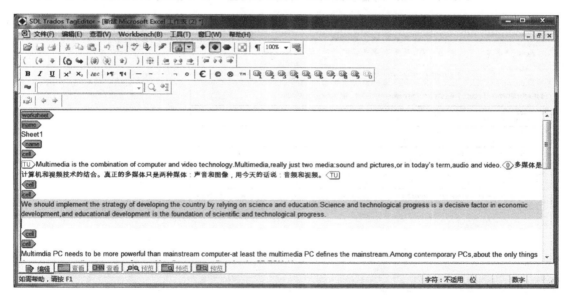

第三步:翻译结束后,单击"文件→另存译文为",选择保存位置,即可得到译文。如下图所示:

打开译文文档,检查翻译内容。此时可看到,原文已直接转换成了译文。

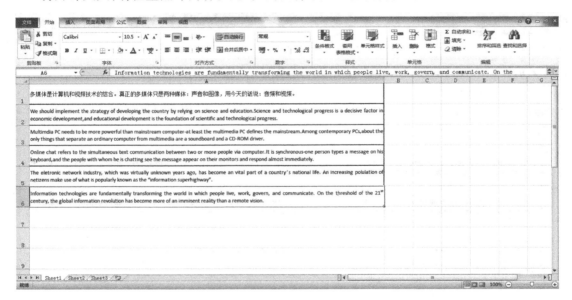

结　语

SDL Trados 2007 是一款集操作简易性与高效性为一体的翻译软件,其针对各个类型文档的翻译使其在翻译界广受好评。Trados 软件在翻译过程中的作用是显著的,对于译者来说,熟练运用 Trados 软件,可以在缩短翻译时间的同时提高译文质量。

虽然 SDL 已经有了多个更高级别的版本，但是从计算机辅助翻译课程的实践教学来说，在课堂中使用 SDL Trados 2007 进行教学，仍然有很多的优点，对于不太会操作技术软件的同学利用 2007 版本的嵌入式方法，即前述 Word 文档的方法进行加载嵌入进行翻译，可以让学生在比较熟悉的文档模式下进行翻译，逐步了解计算机辅助翻译的实战流程，进而为进入独立式的翻译模式打下基础，可以说掌握好了 2007 版本的操作，再使用 SDL Trados 2009 及其以上独立式高版本软件翻译的时候，就会更加得心应手，让学生不但会用软件进行翻译，还能完全明白软件的工作原理，知其然而知其所以然。

课后练习

1. 全选文档、复制文档、粘贴文档、剪切文档、撤销操作的快捷键各是什么？
2. 如何去掉多余空格或段落标记？
3. 简述准备语料的基本过程。
4. 如何使用之前建立好的语料来创建译员自建语料库？
5. Trados 2007 是怎样翻译除 Word 文档以外的各种格式的文件的？

第六章

Trados 2011 文件处理和翻译本地化

第一节　本地化翻译技术

在当前数字信息时代,计算机辅助翻译已成为翻译中不可或缺的一部分。在文件翻译处理过程中,文件格式势必会成为广大翻译工作者面前的拦路虎。那么,如何有效使用翻译软件进行有效辅助翻译操作也就成了大家关心的问题。

目前对翻译技术的分类并没有明确的定论。但是,可以明确的是翻译技术与翻译工具并不相同。翻译工具是根据翻译技术开发的软件,依赖于术语库、记忆库等翻译技术进行翻译。而翻译技术则是翻译工具的基础,Trados Studio 是一款计算机辅助翻译软件,在其内部就是由翻译记忆库、术语库、语料库等翻译技术构成。

本章节将会以 Trados 2011 版本为例,对各种文件格式在翻译软件中的操作以及转换作简要的介绍与操作演示。文件格式主要包括 Word, Excle, PPT, PDF 以及图片,同时也会使用 Tageditor 翻译网页文件,对翻译本地化进行初步的介绍。

第二节　文件处理

Trados 2011 版支持多种文件格式的翻译操作,在进行具体操作之前可以打开软件查看软件支持哪些格式的文件,如图:

（一）Word 文档的翻译

Microsoft Office Word 是一种处理器应用程序，是 Office 套件的核心程序，提供了许多易于使用的文档创建工具，同时也提供了丰富的功能集以便创建复杂的文档。其后缀名是".doc"或".docx"，能由 Word 程序打开、编辑以及保存。WPS 等软件也能对它们进行编辑工作。具体操作如图：

第一步：打开软件（注：本书以 Trados 2011 版进行操作说明）。

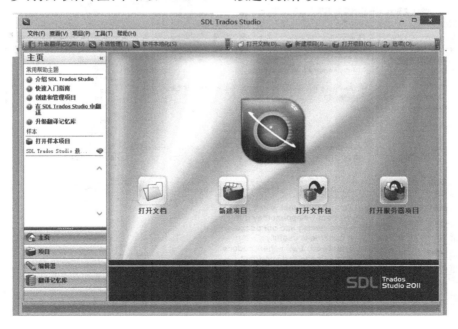

第二步:选择文档打开并设置源语言与目标语言,添加文件翻译记忆库、记忆库以及词典。

第三步:进入翻译编辑界面开始进行翻译。

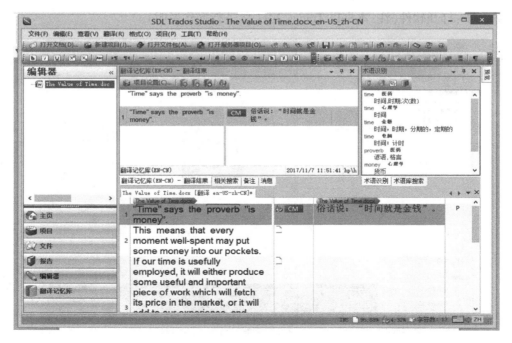

第四步：完成翻译后，选择"文件→另存译文为"，选择文件位置储存译文，至此翻译结束。

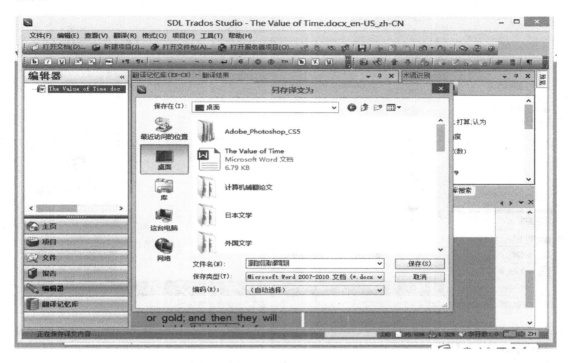

Word 文档功能齐全，在学习上可用其来编辑以及排版日记、作文、个人简历和毕业论文等；在工作中，我们可以用其来进行登记表、宣传单、人事档案、招标书、投标书的编辑与排版等。由于翻译工作的多样性，学会使用翻译软件进行对 Word 文档的编辑与翻译，对翻译工作人员来说至关重要。

（二）PPT 文档的翻译

Microsoft Office PowerPoint 是微软公司的演示文稿软件。用户可使用投影仪也可使用计算机进行演示，还可将演示文稿打印出来应用到更广泛的领域之中。其格式后缀为".ppt"或".pptx"，2010 版以上的可保存为视频格式。具体操作如下：

第一步：打开软件，选择文件，再打开文档并选择目标语言等（该步骤同上文 Word 文档）。

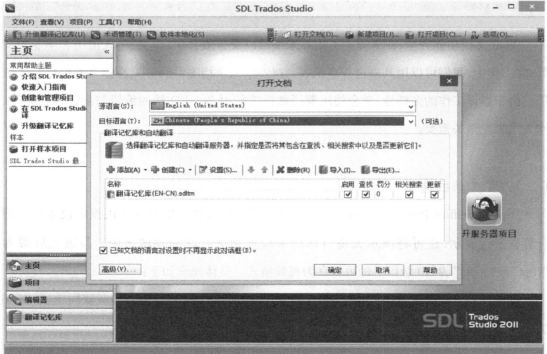

第二步:进入翻译编辑界面进行编辑,如图:

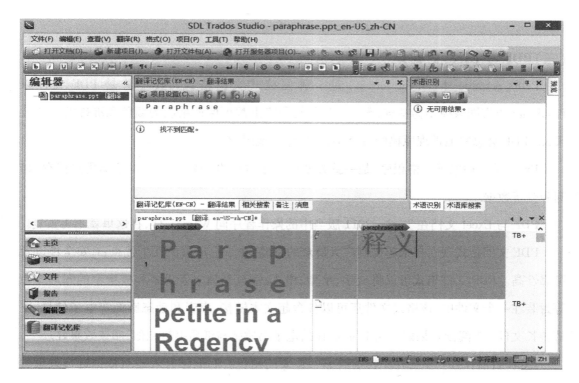

第三步：翻译完成之后选择储存位置保存译文。

至此 PPT 文档翻译完成。

（三）PDF 与 Excel 的翻译

PDF（portable document format）是一种便捷式文档格式。其优势是 PDF 文件以 PostScript 语言图象模型为基础，无论在哪种打印机上都可保证精确的颜色和准确的打印效果，即 PDF 会忠实地再现原稿的每个字符、颜色以及图像。

Excel 是一种电子表格程序，是一款方便处理数据的办公软件。可以帮助用户保存、访问和分析数据。

PDF 与 Excel 文档在 Trados 2011 版当中的操作程序同 Word 一样，在这里就不再重复。

PDF 文档格式现在越来越受到广大群众的青睐，在于它显著的几个优点：1.安全性以及可靠性高。PDF 文件格式可以将文字、字型、格式、颜色及独立于设备和分辨率的图形图像等封装在一个文件中，该格式文件还可以包含超文本链接、声音和动态影像等电子信息，支持特长文件。2.阅读效果好。用 PDF 制作的电子书质感与纸质书籍相似，阅读效果好。

Excel 目前在办公室工作中扮演着非常重要的角色。它能够有效地对数据进行处理并且可以进一步地进行图形分析。具体体现在可以对数据进行自动的处理和计算。

第三节　本地化翻译

（一）本地化

本地化是指将一个产品根据需要进行特定语言加工，使之适应特定国家和地区的语言文化环境以及市场需求。本地化的发展源自经济市场领域，跨国企业想要开拓国际市场，就必须符合开拓对象国家或地区的语言文化习惯，本地化由此而来。1990 年，本地化行业标准协会（LISA）在瑞士成立，是国际化行业的首要协会。经济全球化和本地化与翻译的关系十分密切，正因为在经济全球化，信息数字化的大环境下，文化和经济的交流之下，本地化翻译更是显得尤为重要。

（二）本地化翻译解决的问题

本地化翻译虽然是一个技术性要求高，并且注重效率的过程，但是在本地化翻译过程中,其背后的复杂性以及翻译过程中遇到的实际情况却是未知的。

全球化趋势中必然存在本地化的过程,本地化是全球化中不可缺少的一部分,没有本地化技术的处理,全球化的成员或是要素依旧是独立的个体,在追求共同的利益的时候,双方也不会达成良好的预期效果。有人认为本地化解决的仅仅是翻译中遇到的文化背景问题,其实不然,除翻译文本之外,本地化还主要解决以下问题。

1. 语言习惯

如果一个产品或服务的生产地与销售地语言不同,就需要进行语言本地化。解决不同地域,不同国家的语言使用习惯的问题就是语言的本地化过程。几乎任何涉及不同语言之间的转换的活动,面对不同的服务对象时都需要进行语言本地化。

例如,在把本地的产品销售给非本地的消费者或是服务对象时,就需要翻译产品本身的名称,还要翻译使用说明书、产品维护资料、产品附属资料和产品相关的网页信息,甚至还要有培训资质、内部服务公告等。虽然大多数本地化项目仅仅是对可见文本的翻译,但这不一定就标志本地化过程的完成,还有一系列相关的信息都要翻译,这一步可能直接影响产品的设计与销售。某些产品还可能要求适应地方风俗,或指定的主体人群。

再如,一个产品供用户阅读的首页就可能需要修改语言,以支持不同用户的使用需求,有时短文本常见的标准是不同的,比如一句话用德语表达的文本长度为用英语表达的两到三倍,而用中文表达则要比用英语表达短得多。

语言习惯不同说到底就是文化差异,本地文化背景会影响产品研发、生产、销售等一系列活动,例如,世界主要货币符号不同就是语言习惯不同的体现:£英镑,€欧元,$美元;支付方式必须适应该地支付方式,目前很多人都使用信用卡支付,一般不会选择带现金,但不一定信用卡随处可用。

再如,名称格式、地址格式、电话号码格式、颜色、图形等不同,也必须转换为适应目标市场的格式,另外产品设计者必须意识到政治、商业问题以及本地文化期望。那么如何解决语言习惯这一问题呢?

●解决策略——归化与异化

实际上,语言的本地化过程就是翻译的过程,翻译就是源语言和目标语言之间的转换,是在保持原文意义不变的情况下,把一种语言的内容用另一种语言表达出来的过程。翻译作为两种文化沟通的桥梁,在跨文化交流中起着不可或缺的作用。然而,不同的语言文字有其自身特有的文化内涵,如若翻译不当,一种语言文字中的某些含义,就很难通过译文用另一种语言文字传达给读者,所失去的恰恰是原文中含蓄微妙的精华所在。而归化(adaptation/domestication)与异化(alienation)就是解决这一问题的翻译策略。

归化,是要把源语本土化,以目标语或译文读者为归宿,采取目标语读者所习惯的表达方式来传达原文的内容。换言之,就是恪守本民族文化的语言系统,回归地道的本族语表达方式。归化翻译要求译者向目标语的读者靠拢,原作者要想和读者直接对话,译作必须变成地道的本国语言。归化翻译有助于读者更好地理解译文,增强译文的可读性和欣赏性。

异化,与"归化"恰恰相反,是在翻译上就是保留外来文化的语言特点,吸纳外语表达方式,要求译者向作者靠拢,采取相应于作者所使用的源语言表达方式来传达原文的内容。使用异化策略的目的在于考虑民族文化的差异性,并保存和反映异域民族特征的语言。

我们可以在翻译中体会二者的关系:

The drive back to my home in Edmonton was an endless journey of destructive emotions and thoughts. In a truck-stop restaurant, I sat staring at a glass of cheap red wine. Of all the gin joints in all the towns in all the world, she walks out of mine.(卡萨布兰卡)

异化法翻译:当我开车回到埃德蒙顿时,我陷入了无尽的悲痛。到了一家汽车旅馆后,端着一杯廉价红酒发呆,**觉着这世上有那么多的旅馆,她还是走出了我的旅馆。**

归化法翻译:**弱水三千,终究我已不是她那瓢中的一壶水了。**风格特色,为译文读者保留了异国情调。

- 在翻译中正确的做法

(1)坚持"和而不同"(孔子语)的原则:"和"是为了不造成译入语读者误解和费解;"不同"就是要尽量保持原文有代表性差异特征。

(2)为了保留原文代表性差异,采用"直译夹注"的方法。

(3)如果"异化"的译法可能造成译入语读者的误解,为了在深层语义或语用意义对等,不妨采用"归化"的处理。

例:You've got to have faith up your sleeve, otherwise you won't succeed.

你必须袖里藏有**信仰**,否则你不会成功。(异化)

你必须有**妙计**,否则你不会成功。(归化)

2. 生活习惯

除语言习惯之外，为了使产品适应目标国家的生活习惯，本地化过程常常将产品或服务进行实物修改，以拓展地方市场，得到其市场的认可。

例如，在日本的大部分电器设备仅需要 100 伏电压，而美国和加拿大销售的电气设备需 120 伏电压，其他大多数国家使用 220 伏或 230 伏电压。

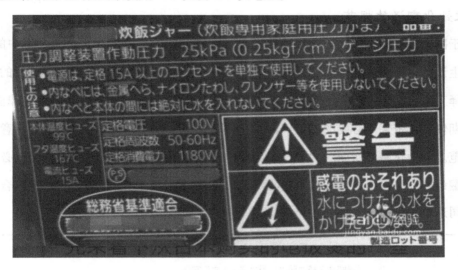

又如，印度、澳大利亚、英国等国家需要方向盘位于车辆右侧，而在世界其他国家销售的汽车则需要方向盘在车辆左侧。

甚至在使用一种语言以上的国家内，其计算机键盘布置都不同，有多种方式输入语言（如中文和英文可切换）；例如，电源插头等产品就需要适合特定市场对硬件的要求。

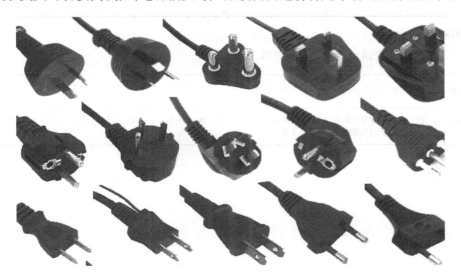

这些生活习惯的不同就会造成不必要的误会,本地化时就要引起特别注意,在设计阶段也需要特别注意细节技术,考虑目标人群的使用习惯。

再如,由于书写方式从右向左的语种有阿拉伯语和希伯来语等,这就需要在软件中设置特殊的文本处理程序以适应用户界面和使用。

(三)本地化翻译的规范

由于翻译本身的特殊性要求翻译的译文必须符合预期使用者在其语言环境中的规则,避免产生误解,甚至产生法律纠纷。因此,翻译规范在本地化翻译中具有不可替代的指导作用。翻译工作者必须了解预期使用者所在国家或地区的文化大环境以及相关法律法规,避免给预期使用者带来不必要的麻烦。除文化环境以及法律法规之外,尤其需要注意的是其专业规范。本地化翻译所面对的客户多为跨国公司,他们需要营销自己的产品就必然会对本地化翻译的产品做出更为细致专业的要求,确保所涉及的项目翻译质量可靠,符合公司理念和公司形象。

翻译要求	A. 译文文件名和原文一致,加上"译员姓名+译文"字样 B. 返稿邮件主题注明"译员姓名+译文"字样 C. 参考文献目录不用翻译 D. 没有把握的译文请标红 E. 注意语言的流畅和术语的准确性 F. 要求
最终交稿时间	2015年12月30日8点前交付全部稿件,发送到邮箱 ▇▇▇@163.com。 第一联系电话:　　　　　　联系人:杨女士 备用联系电话:　　　　　　联系人:王先生
字数统计	按照原文"中文字符和朝鲜语字符数"计算
支付方式	译员提供工商银行账号或其他附有详细开户行名称的银行账号,每月翻译费在项目结束日之后的次月20日支付。遇节假日顺延至下一个工作日。

译员翻译要求	1.　如果原文内容有明显的打字错误、逻辑错误、编排错误等，译员应做出相应标记，并按照译员的理解进行适当的文字处理，并做好红色标注，以便终审核查。 2.　对把握不准的译法也应做出标记，以便译员自校和终审时进行审查。 3.　对原文不清楚的地方，可不译，但须标注"此处不清楚"等红色字样。 4.　专有名词（如地点、人名、公司名称、组织名称、品牌名称等）在英翻中过程中，如果有通用译法（如 Microsoft 微软），则必须采用通用译法；如地点、人名、公司名称、品牌名称等没有统一的翻译，则可直接采用英文。在中翻英过程中，如果确认没有通用译法，须直接采用拼音。 5.　专业名词须选择最为通用的表述，并保证其在整篇文章前后使用的一致性。 6.　句子翻译的首要要确保忠实原文，行文通畅。为了符合目的语语言习惯，可改变句子的结构，但不可改变原文的意思。
译员自检要求	译员交稿前，须进行至少一次检查，最大限度地避免出现内容事实错误，防止漏译、拼写错误、数字、标点、符号或计量单位错误以及语法错误）；专有名词（指地点、人名、公司名称、组织名称、品牌名称等）译文须前后一致；日期的表述方法须前后一致。
译员交稿要求	译员须按时保质交付稿件，如果因事无法按时完成，须在第一时间通知本公司相关联系人，否则按下列情况进行处罚： 1. 如果译员中途退稿,本公司酌情扣除已完成稿件翻译费的10%~50%；如果严重影响到项目的再次派发,无法保证项目翻译质量，则有权扣除已完成稿件翻译费的50%~100%。 2. 如果译员延迟交稿，部分影响稿件审校工作,本公司酌情扣除总翻译费的10%~50%；如果导致该项目无法正常交付客户，本公司酌情扣除总翻译费的50%~100%。
禁止转包事宜	译员不得以任何理由将本公司的稿件转给其他译员翻译，如果其稿件质量与以前合作同类稿件或试译稿件质量差距很大，本公司有权扣除总翻译费的50%~100%，同时本公司须提供抽检部分的相关校对稿。
付款约定	如果本公司在规定的付款日之后尚未付款，每延迟一天，须向译员支付当月总翻译费的1%作为滞纳金。
保密要求	译员对本公司提供的稿件务必严格保密，不得以任何方式泄露给第三方；如经核实系项目参与译员泄露，本公司保留追究其法律责任的权利。

（四）本地化翻译的内容以及对象

本地化翻译的内容多种多样且复杂，对象多以软件、网站为主。而其翻译内容多以文本、图片、音频、视频等形式呈现。又由于其使用领域以及内容的复杂性导致其与传统翻译差异较大，本地化翻译所面对的多为短小且不完整的内容且没有特定的语境可言，更多的还是在用户界面以及网站的翻译，这加大了本地化翻译的难度。再者，从操作流程看，除了多语种翻译之外，还包括技术写作、本地化工程以及多语种排版与印刷等，并且本地化翻译过程中涉及面广，参与者众多，这些因素都会影响最终翻译的质量与效率。

1. 网页的建立与翻译

网页翻译属于本地化翻译之中的代表,大多数网页的目的都是宣传自己的特色以吸引外国人口。其中,地方政府、各大高校和企业都占了较大的比重。目的是宣传政策,吸引留学生或者顾客。近年来,随着我国对外开放的力度的不断加大,来自世界各地的外来人口逐渐增多,各个高校以及地方还有企业网站的宣传以及翻译需求量增多。同时,网页翻译必须要符合国家相关法律法规,也不能让外国友人产生误解。而网页翻译的特点及其复杂性又让其难度加大,要求翻译工作者知识储备量大,且跨领域广。还要充分结合预期受众的文化背景和本地特色进行翻译。

网页可以根据译者需要在网上下载,也可新建网页,如下就是新建网页的过程。

第一步:在电脑桌面新建文本文档,桌面上单击右键→选择"新建"→选择"文本文档"(这时就会出现一个新建的文本文档)。

第二步:打开新建的文本文档编写"html"语言(需要注意的是采用记事本输入 html 时是不会有标签关键词的提示的),如图:

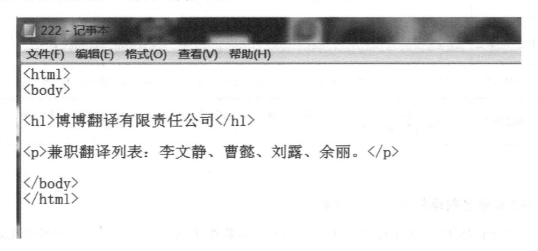

第三步:单击"文件"→"另存为"→在弹出的对话框中选择要保存的位置→"保存类型"(所有文件)→文件名要以".html"为后缀,单击"保存"。

第四步：这时保存的后缀为".html"文件就会显示出来，需要以浏览器的方式打开进行浏览效果。

以下是网页翻译的步骤：

第一步：打开 Trados 2007，准备进行翻译；进入后单击"Tageditor"，即弹出一个窗口，此时单击"关闭"。

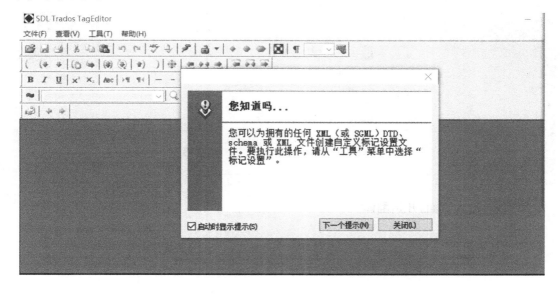

第二步：进入 Tageditor，单击"是"。

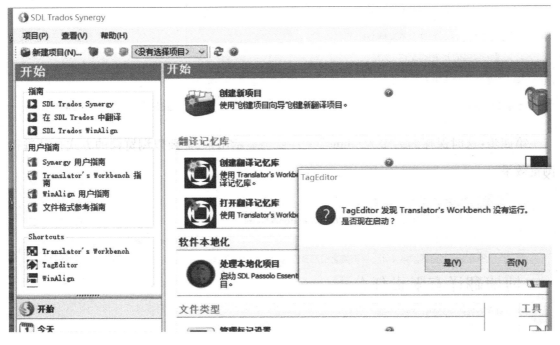

第三步：单击这个对话框左上角的"文件"选项，选择要翻译的网页文件。

第四步：进入页面，开始翻译。

第五步：翻译完成。

第六步：选择保存位置。

第七步:查看网页翻译效果。

至此网页翻译结束。

2. 字幕翻译(以 Aegisub 字幕翻译使用流程为例)

第一步:准备好已经切好时间轴的空白 srt 字幕文档。

第二步:用 Aegisub 的方式将 srt 文档打开,相应视频就可以出现了,然后单击"从视频中打开音频"。

第三步:同时打开字幕文件和视频之后,在字幕编辑区域内添加对应时间轴的空白框中的译文。

第四步：调整时间轴，针对时间轴切分有误的地方，译员须对时间轴做出相应调整。

第五步：添加脚本，单击"字幕"→"样式管理器"中的新建样式即可添加脚本。

第六步：依次单击"字幕"→"样式管理器"→"脚本"，或者直接单击字幕编辑区域上方的"编辑"按钮，可以编辑脚本的样式。

快捷菜单：选中某个时间轴之后，单击鼠标右键，快捷菜单便会出现。可以进行复制、剪切、粘贴、删除当前行等操作；也可以"以当前帧前分割当前行"或者"以当前帧后分割当前行"，还有"使时间连续"，可以使前一条时间轴和后一条时间轴的时间连续。

3. 视频翻译

翻译之前需在网上搜索是否已经有翻译过的视频，以作参考；如若没有可按照下列步骤进行翻译操作。下列为视频翻译需注意内容：

- 在视频中学习 Aegisub 软件使用流程及编辑字幕使用方法；

- 翻译前，务必认真阅读《翻译和审校规范 V1.0》，根据翻译标准和规范的要求翻译，注意标点等文本格式；

- 翻译时，将视频和 srt 切好的时间轴文件导入到 Aegisub 中，然后在编辑区域编辑；

- 视频只做单一汉语字幕，所以只要汉语译文，不要原文；

- 视频标题也需要翻译，方法同上；

- 翻译完后，导出 ASS 字幕文件；

- 翻译时，在基本听懂大概内容的基础上，根据上下文推测出理解有困难的语句，全篇语言做到形式衔接，内容连贯，语句通顺即可；

- 视频在发布之前需要保密，不要外传，以防剽窃。

结　语

计算机辅助翻译软件的出现无疑使翻译更加有效率，质量更高。但是随之而来的问题，例如翻译内容的复杂性以及多数人员对该软件的操作流程不熟悉等都使得计算机翻译软件的效果大打折扣。目前国内对于计算机辅助技术并没有太成熟的研究成果，对该软件熟悉的人更是不多。因此,对于该软件技术的研究仍在进行中,但是在不久的将来一定会有喜人的成果。经济全球化使得本地化翻译迅速发展,但由于文化大环境的制约以及操作过程的复杂性也使得本地化翻译难以取得长足的进步。本地化翻译作为目前商业化翻译的主流,已经成为当前翻译领域的趋势,本地化翻译对于翻译工作者来说既是一个机遇又是一项挑战,会使他们不断提升自己的专业水平和素养。

课后练习

1. 如何运用 Trados 2011 对 Word 文档进行翻译?
2. 简述 PPT 文档的具体翻译步骤。
3. 简述翻译中的归化和异化。
4. 简述字幕翻译的步骤。
5. 除了 Aegisub,你还知道哪些视频翻译软件?

第七章

背景资料搜索及翻译应用

第一节　概　述

正如美国翻译理论家奈达所阐述的:"翻译是两种文化的交流。对于真正成功的翻译而言,熟悉两种文化甚至比掌握两种语言更重要。不同表达在不同文化背景下具有不同的含义。"(Translation is an exchange between two cultures. For a real successful translation, knowing two cultures is more important than grasping two languages, because words become meaningful only in its effective cultural background.)

玄奘为探取佛教真经,一人西行历经艰辛到达印度佛教中心取得真经,学遍了当时的各种学说,回国后长期从事翻译佛经的工作。玄奘被鲁迅誉为"中华民族的脊梁",是中外文化交流的杰出使者,他的足迹遍布印度,影响远至日本、韩国乃至全世界。玄奘的思想与精神如今已是中国、亚洲乃至世界人民的共同财富。

玄奘的著作有《大般若经》《心经》《解深密经》《瑜伽师地论》《成唯识论》等。《大唐西域记》记录了他此行亲身游历的 110 个国家及 28 个国家的山川、地邑、物产、习俗等,后人还以唐僧其取经事迹创作了《西游记》等相关的文学作品。

由此可见,正是由于作者不同的经历,不同的背景,才具有不同风格的书籍。玄奘和奈达代表着两种不同的文化,成长于不同的地域环境,时代特征不同,风俗习惯也不同,所以塑造出了具有不同思维方式的人。他们在文化交流方面做出的巨大贡献,才使我们了解社会发展历程。同样的,我们在翻译的过程中,会遇到一些专业性强、需深入了解相关背景知识才能完成的翻译,我们一起来赏析下面一段译文:

I thought that it was a Sunday morning in May; that it was Easter Sunday and as yet very early in the morning. I was standing at the door of my own cottage. **Right before me lay the very scene which could really be commanded from that situation, but exalted, as was usual, and solemnized by the power of dreams.**

There were the same mountains, and the same lovely valley at their feet; but the mountains were raised to more than Alpine height, and there was interspace far larger between them of meadows and forest lawns; the hedges were rich with white roses; and no living creature was to be seen except that in the green churchyard there were cattle tranquilly reposing upon the graves, and particularly round about the grave of a child whom I had once tenderly loved, just as I had really seen them, a little before sunrise in the same summer, when that child died.

原文:Right before me lay the very scene which could really be commanded from that situation, but exalted, as was usual, and solemnized **by the power of dreams.**

解析:lay 不需翻译成"平躺",可以译成"展现在我面前的"。

command:if a place commands a view, you can see something clearly from it.

exalted:having a very high rank and highly respected.

学生思路分析:看完这段话,学生直接开始翻译。

译文 1:在我眼前的景色跟以前一样,清清楚楚,但眼下却看起来很高大,如梦般的想象使这一切变得很庄严。

也许你会发现,结合文章来看,作者想表达的意思似乎不是这样。如果不了解作者写这段话时的处境也就是背景,译文是无法翻译出作者当时的感受的,所以此处需要介绍在翻译时遇到不熟悉的背景时在网上查阅作者相关背景的办法。在百度搜索框内输入要查找的信息:

综合搜索　德·昆西 (Thomas De Quincey

网页　新闻　问答　视频　图片　良医　地图　百科　英文　音乐

托马斯·德·昆西_360百科　戳这！抢手机

英国著名散文家和批评家，其作华美与瑰奇兼具，激情与疏缓并蓄，是英国浪漫主义文学中的代表性作品。被誉为"少有的英语文体大师"，有生之年大部分时间被病... 详情>>
中文生平 - 英文介绍
baike.so.com/doc/9957656-103... - 快照 - v 360百科
其他百科：百度百科　搜狗百科　互动百科

《流沙》(托马斯·德·昆西)

发贴时间：2012年2月18日 - 托马斯·德·昆西(Thomas De Quincey,1785——1850),英国十九世纪前期著名的浪漫主义散文作家。写有《鸦片吸食者的自白》、《英国邮车》(散文...
www.360doc.com/content/12/0... - 快照 - v 360doc个人图书馆

【"英语文体大师"托马斯·德·昆西(Thomas De Quincey)亲笔信...

雅昌艺术品拍卖网(auction.artron.net)提供了书札文牍拍品"'英语文体大师'托马斯·德·昆西(Thomas De Quincey)亲笔信"的艺术品详细描述,包括艺术家、拍品尺寸、品类...
auction.artron.net/pai... - 快照 - 雅昌拍卖收藏频道

查询之后，我们了解到作者当时所处的境遇，此篇散文的作者是德·昆西（Thomas De Quincey，1785—1859），他是英国散文家和文学批评家。19 岁因严重的头痛而服用鸦片，因而成瘾。传世佳作为 *Confessions of an English Opium Eater*（《瘾君子自白》）。

了解了作者背景之后，我们得知，作者 19 岁因严重的头痛而服用鸦片。一直活了 74 岁，在这五十多年间，他一直处于吸毒成瘾的状态，所以才写出这样的语言。那么，文中出现的 the power of dreams 的译文就需做出改变，所以，译文优化后为：

译文 2：我站在那里，在我视野所及之处，那景象就在眼前，一览无余，然而，如平常一样，梦的力量却使之显得更加的神圣和庄严。

将 the power of dreams 译为"梦的力量"，作者一度处于时而清醒，时而模糊的状态中，才会有如此的感受。

这足以说明翻译背景知识对翻译质量的影响，无论是了解作者，结合人物特点，还是照顾读者都说明翻译离不开人物背景，除了人物背景，还有文化背景、科技背景等，本章将分点阐述跨文化翻译中的不同文体的相关背景知识。

第二节 跨文化翻译

(一)文化背景

想必大家一定很熟悉"我已经用了洪荒之力了!"这句流行语。这是 2016 年 8 月 8 日,里约奥运会女子 100 米仰泳半决赛,在挺进女子组 100 米仰泳决赛后,中国选手傅园慧接受 CCTV5 访谈时的回答。后来这句话还被网友配上了她那夸张和极具幽默感的表情,傅园慧也因此快速走红网络,"控制不了体内的洪荒之力"也成为网友调侃的常用语。当被问及是否对决赛充满希望的时候,她说:"没有,我现在已经很满意了。"这就是她撼动中国网络和社交媒体的原因。两天内,她的微博粉丝量从 10 万突增到 400 万,并仍在不断上涨。傅园慧也由此一夜之间成为"洪荒少女"一词的代言人。

那这句话该如何翻译为英文呢?

此时我们就需要了解"洪荒之力"的文化背景,结合文化背景再来翻译这句经典流行语。

第一种方式:百度搜索"洪荒之力",可看到下图。

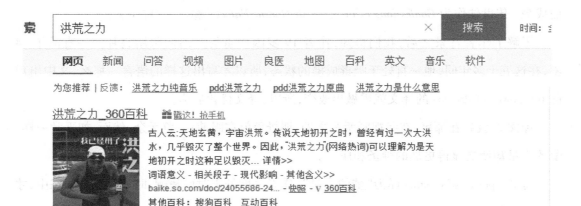

古人云:天地玄黄,宇宙洪荒。传说天地初开之时,曾经有过一次大洪水,几乎毁灭了整个世界。因此,"洪荒之力"(网络热词)可以理解为是天地初开之时这种足以毁灭世界的力量。

基本信息

中文名称	洪荒之力	首次走红	花千骨言情小说中的妖神之力
外文名称	Prehistorical powers	再度走红	里约奥运会傅园慧使出洪荒之力
词语来源	上古神话传说和早期宗教里的记载	形成IP	网传"洪荒之力"已进行商标申请
词语概念	指足以毁灭世界的力量		

目录	1 词语意义	2 相关段子	3 现代影响

以上为百度百科"洪荒之力"的解释：其外文名称为 Prehistorical powers。

此词现已被收纳入《咬文嚼字》公布的"2016 年十大流行语"，且入选《中国语言生活状况报告（2017）》2016 年度中国媒体十大新词、2016 年度十大网络用语。

第二种方式：查阅"洪荒之力"相关文章可知。

CCTV 曾将其译为"chi nai de jin"（吃奶的劲），这是一种中文习语表达，不能作为标准翻译。但除此之外，网上还有一些说法，表达大致意思就是"我已经尽了我最大的能力"。归纳起来，以下是现行的几种翻译版本：

I have done my best.

I spared no efforts.

I have used all my strength.

I have brought my potential into full play.

I have played my full potential.

以上五种译文从程度上来说一句比一句更加深切，但这些翻译方法从翻译标准来说忠实于原文所要表达的含义，但如果从"雅"这个标准来说还不够贴切。

Prehistorical powers 是《中国日报》的译法，BBC 也曾用过该翻译，目前使用较广泛，也被接受，但这似乎还是不能做到翻译的极致。

中国地震台网速报认为，洪荒之力指的是史前的大自然无穷之力，但"洪荒"与 prehistorical 也就是"史前"侧重点是不同的。"史前"一词可以从多个方面解释，"洪荒"是其中的一个方面，因此将"洪荒之力"译为"史前之力"，并不足以使读者领会到"洪荒之力"所要表达的意思。

有学者说，prehistorical powers 从准确性来判断与 power of prehistorical flood 有所差距，后

者语言有失简洁美。BBC 后来又直译为 powers strong enough to change the universe。

总的来说,上述翻译都可接受,但还不能淋漓尽致地表达"洪荒之力"的意思。

由此例可知,语言承载着不同时期的历史文化,也有其固定的用法。遇到有关文化背景的翻译时,我们需要查找相关背景,了解其真正含义,如果不了解源语言的历史,就会产生理解偏差,阻碍源语言与目标语言之间的转换。

(二)人物背景

翻译提倡以人为本。美国著名的语言学家、翻译家 Nida(奈达)所提出"信,达,雅"中的"信"即忠实原文,忠实作者,忠实作品中的人物。现在越来越多的翻译学家提倡要以读者为中心。在清朝时期有名的翻译家林纾的译作大受欢迎,正是因为林纾以读者为中心,具有读者意识。

翻译的目的是让读者看懂,如果翻译没有考虑读者,那译本也不会被大量的阅读,比如在介绍某个动物时,就要考虑到如果有阅读群众是儿童,而对原文中大量儿童无法理解的专业术语不作相关处理,尽管译文忠实于原文也不会有哪个感兴趣。

1. 田亮的女儿田雨橙参加某电视节目后备受瞩目,她喜欢奔跑,乐于尝试各种任务,被网友评为"风一般的女子",因为其英文名叫"Cindy",而田亮在叫她的英文名的时候很像"森碟",所以被网友音译为"森碟"。

而"森碗"是怎么由来的呢?

田亮儿子的真名网传田欣辰,其英文名叫"Seven",他又帅又萌还可爱。因为其英文名叫"Seven",而他的姐姐被网友叫"森碟",他就被叫作"森碗"。参加了某电视节目之后,田亮的一对儿女"森碟"和"森碗"就被赋予了特定的人物形象,谈起他们,就知道是田亮的一双儿女了。

田亮一家由此被贴上了高颜值的标签,田亮年少时在泳坛成名,如今儿女双全、夫妻恩爱,并成功进军娱乐圈,他的成功和幸福不知羡煞多少人。

2. 2016 年 4 月 14 日,一代人的青春回忆,NBA 一代传奇"小飞侠"科比宣布退役,"小飞侠"科比·布莱恩特有个外号叫"Peter pan"。

那为什么人称小飞侠的英文名叫"Peter pan"呢?百度输入"Peter pan"搜索,可看到相关信息,如图:

《彼得潘：不会长大的男孩》*Peter Pan：The Boy Who Wouldn't Grow Up*（1904）是苏格兰小说家及剧作家詹姆斯·马修·巴利（James Matthew Barrie，1860—1937）最为著名的剧作；是一本书，受儿童喜爱；后被拍为电影。电影的主人公就是彼得潘。

了解了相关背景后才知道，科比的外号是小飞侠动画片里的小飞侠，名字就叫"Peter pan"，飞人乔丹人称"大飞侠"，科比被称为"小飞侠"是因为他有飞人乔丹的影子。

（三）文学背景

文学文体有小说、戏剧、散文等各种类型的文学作品。文学用词大多是描绘性的词语，用词丰富多彩,而且口头用语、俚语、谚语、成语、歇后语等使用较多,具有浓厚的文化色彩。翻译文学文体时译者需了解作者当时所处的文化背景,当时的情境和作者的写作意图。因此翻译重在忠实原文,传达原文的蕴含意义。

1. 文学人物

以《傲慢与偏见》的女主人公伊丽莎白为例,她出身于资产阶级知识分子家庭,深受父亲班纳特先生愤世嫉俗的影响,而且伊丽莎白从小聪慧,所以她是一个有教养、有思想、有内涵的女子,在翻译相关话语时应结合她的个人特点。如《傲慢与偏见》第四章中伊丽莎白说的一句话:

"He is also handsome," replied Elizabeth, "Which a young man ought likewise to be, if he possibly can. His character is thereby complete." "他也很有气度。"伊丽莎白回答,"只要可能,年轻男子就该这样。所以,他的人品很完美。"(张玲译)

此句是伊丽莎白在评价宾利先生,其中 handsome 一词在牛津词典中有 good-looking[(男子)漂亮的,英俊的],substantial(相当大的),of obvious quality(有气度,品质好)等释义。此句后面谈到 character,如果将 handsome 翻译为"英俊的"会感觉上下语言不通,无法连贯。再结合伊丽莎白的生活经历,她常为妈妈和妹妹的轻浮而羞愧,不攀富贵,不畏强势,她不是一个只看重外表与金钱的人,所以她更看重的是对方的品质,所以翻译为"气度不凡"更符合伊丽莎白的人物特点。

2. 文学意象

语言反映文化特色,地域环境的独特性导致言语表达方式的差异。中国处于东亚地区,土地肥沃、农业发达、粮食自足,所以中国人比较崇拜自然,将自然宗教化为"天"。因此,有很多与天有关的说法,如"民以食为天""天将降大任于斯人也"等。

相反西方是海洋文明,土地贫瘠,早期自然环境恶劣,还会遭受猛兽袭击,所以西方不太崇拜自然。鉴于地域特点,他们着重发展航海业,对外贸易。与我们不同,他们的言语更多的是与水有关。如我们的"挥金如土"翻译成英文就是 spend money like water;指某人借口、论点、理由站得住脚时表达为 to hold water;用 like water off duck's back 表达毫无意义。

下面以中文的"草"字和英文里的 fish 为例,阐述中西方的文学意象的使用差异。

例 1: 好马不吃回头草。

You should not fish the fish you have let go of.

例 2: 兔子不吃窝边草。

You should not fish in the neighbor's pond.

如译成 You should eat the grass in the neighborhood. 这样的句子英语国家的人就无法理解。

评析: 以上例句为何将"草"译成 fish 而非 grass?

其根本原因是文化差异。一个民族的语言深受其生活环境、思维方式的影响,这就造成选词时意象的差异。西方是海洋文明,鱼就是海洋文明的象征;而东方是农业文明,土地和天深受敬畏,于是选择"草"作为意象,给我们的启示就是:在选择词时要考虑目标语言的文化背景。

(四)广告文体

广告,是为吸引顾客购买商品或享受服务,或是给顾客介绍商品的用途,提供何种优质服务的一个过程,或是一些公益性标语,具有很强的感染力和号召力。一般由广告词、正文构成。

如下面这一篇选自新概念的课文,就具有广告的特色。

Wanted a Large Biscuit(征购大饼干筒)

In advertisers' efforts to persuade us to buy this or that product, advertisers have made a close study of human nature and have classified all our little weaknesses.

They discovered years ago that all of us love to get something for nothing. An advertisement which begins with the magic word free can rarely go wrong. These days, advertisers not only offer free samples, but free cars, free houses, and free trips round the world as well. They devise hundreds of competitions which will enable us to win huge sums of money. Radio and television have made it possible for advertisers to capture the attention of millions of people in this way.

译文：做广告的人在力图劝说我们买下这种产品或那种产品之前，已经仔细地研究了人的本性，并把人的弱点进行了分类。

做广告的人多年前就发现我们大家都喜欢免费得到东西。凡是用"免费"这个神奇的词开头的广告很少会失败的。目前，做广告的人不仅提供免费样品，而且还提供免费汽车、免费住房、免费周游世界。他们设计数以百计的竞赛，竞赛中有人可赢得巨额奖金。电台、电视做广告的人可以用这种手段吸引成百万人的注意力。

During a radio program, a company of biscuit manufacturers once asked listeners to bake biscuits and send them to their factory. They offered to pay $10 a pound for the biggest biscuit baked by a listener. The response to this competition was tremendous. Before long, biscuits of all shapes and sizes began arriving at the factory.

译文：有一次，在电台播放的节目里，一个生产饼干的公司请听众烘制饼干送到他们的工厂去。他们愿意以每磅10美元的价钱买下由听众烘制的最大的饼干。这次竞赛在听众中引起极其热烈的反响。不久，形状各异、大小不一的饼干陆续送到工厂。

这就是销售者抓住了消费者的心理，这就是广告的力量。

再如，广告标题适用于各种领域，如体育、娱乐、影视、公益等方面。

下面以体坛中的标题为例作以赏析：

1. Shocking players and shocking attires: more and more shocking

盘点体坛雷人战袍 没有最雷只有更雷

此标题是文章主要讲体坛运动员在出战时衣服漏洞、破腚，穿肉色裤、蕾丝超短网球裙打球等尴尬又搞笑的画面，甚至还有穿私人定制露脐装上阵的；你可知道，网球运动员马泰克，这位美国球员，穿着她的豹纹装就走上了赛场，恐怕除了马泰克，没人敢这样做了吧！

2. 结合文章所述内容，你就知道为什么标题如此操作了，不仅押韵，而且采用音译意译相结合的方法，选词更体现了标题的效果，词的重复表现了文章中心，句式也是相对应的，前句 Shocking players and shocking attires，后句 more and more shocking；除此之外，attires 一词就是战袍，要是译为 shirts，clothes，playsuit 岂不啼笑皆非。

　　标题在高度概括文章主要内容的基础上,引人注目,吸引读者兴趣。

　　商标和广告的翻译可采用直译、音译(如"英菲尼迪"译为 Infinity)及音译与意译相结合及转译等方法。直译即直接把原文的意思翻译出来,但一定要注意译文用词的蕴含意义是否恰到好处;音译即根据原文的发音或类似原文的发音进行翻译;音译意译相结合即对商标原文一部分音译,一部分意译,但一定要注意译文的推销效果;转译即用新的对应词汇替换原商标的用词和发音,但一定要注意让新词忠实于原词的指称和蕴含意义,而且一定要征得客户的同意。广告词和正文的互译一定要忠实于原文,为了保证译文的推销效果,在征得客户同意下可以围绕广告的推销目的对原文进行调整,删减无用内容,增加有效信息。

(五)科技文体专业背景

　　随着国际关系的日益紧密,国家之间的交流越来越频繁,从商品的进出口到技术交流,翻译要求译者掌握越来越多的专业知识背景。

　　科技文体涉及自然科学的所有专业的相关术语,主要是一些职业化的翻译题材,涉及一定的行业背景;例如,信息、电子、生物工程、机械工程、新能源、新技术等行业,在翻译时必须对此词语有相关行业背景了解才可进行下一步。

　　专业文件的翻译对于只懂外语不懂专业知识的人来说相对困难,因为专业文件里有大量的专业词、半专业词和缩略词等。也许一个看似普通的词,在不同的专业背景下意思也大相径庭。

　　例1:普通词汇 dress,在服装业名词是"连衣裙,服装",作为动词是"穿衣服",还有"处理木头(木材)、石料等""布置、装饰""士兵整队,使士兵排齐"之意。在做专业翻译时一定要结合专业背景,联系上下文,充分利用身边的书籍、网络、专业人士等可参考的资源。

　　例2:在机械工程的翻译当中遇到 brake 一词,不知如何翻译,就在百度搜索直接输入"brake"可得到这样的回答:

由此可知其在机械行业的准确的翻译;但是在植物学行业就必须采取精确查找的方式,在百度搜索框输入"brake"单击空格,再输入"植物学",精确查找,再看看回答。

这样的查询方法我们本书中有一章有详细讲述,所以,在遇到不懂的行业背景的词意时,一定要启动大脑搜索信息的功能,查找相关信息,搜索至全部了解,这是科技英语翻译中的重要步骤,不懂就问,不懂就借助搜索引擎。

（六）法律文体

法律文体严谨、正式，其内容必须明确，防止误解和歧义，条款不模棱两可，用词精准、恰当。现代法律文体主张简练、平实。

特别要对法律英语中的古体词进行分析；这些词一般是 there-，under-，here-，where-加介词构成的复合副词。

Here-主要指代"本"文件，合同、文书、协定等。如 Hereby 就相当于 by this…；herein＝in this 本合同、该合同；hereof ＝of this agreement（"关于此点，在本文件中"），表示上文已提及的"本合同的、本文件的……"一般放在要修饰的名词的后面，与之相邻。

There-与 Here-的区别主要指上文提到过的词。例如，thereby，therefore ＝ for that reason 等。

例句 1：双方特此协议，乙方不承担此类培训费用。

译文：It is hereby agreed that Party B shall have the obligation to pay the costs of such training.

例句 2：The headings of the sections hereof.

译文：本合约各条款之标题。

结　语

出色的翻译是忠实、流畅、精确的。译者不仅需要拥有扎实的目标语功底，更需要精确掌握源语言。语言是人们的交流工具，是民族文化长期的沉淀，既是文化的载体又是文化的主体；背景确定具体语句，脱离背景的词句只是黑白的文字符号，毫无色彩与魅力。翻译时要联系相关背景，结合相关文化做相应的处理，这样才能使得译文更加精确。

课后练习

1. 本章所讲的翻译背景有哪些？

2. 遇到有翻译背景知识的翻译难题时应如何查询？

3. 科技文体会涉及哪些领域的相关知识？

4. 举例说明法律文体中的古体英语。

5. 如何对翻译资料的背景进行搜索？

第八章

翻译的流程

从事翻译的人员或是想要成为翻译的人员,都必须了解并掌握翻译流程,这是翻译前的思路准备工作,思路清晰才能将一句话或者一段文字翻译得清晰、流畅、易懂。做好了翻译前的准备工作,对计算机辅助翻译的软件也大致掌握后,现在我们就来探讨一下,翻译最重要的部分——翻译流程,翻译流程是指译者从接收稿件到完成稿件这一过程中一系列关于稿件的相关事宜的准备和翻译步骤,整个翻译服务过程涉及译前准备、审核稿件、修改稿件、确定稿件、校对稿件、最后确认等。本章将对翻译流程进行相应的讲解和剖析。

第一节　译前准备

(一)语料库的搜集整理

译者在通过使用计算机辅助翻译软件进行稿件翻译时,第一步是进行语料库的搜集与整理,而相应的语料库则要与译员所接稿件的文章类型、风格一致。例如,在翻译2018年政府工作报告时,建立的语料库应该是涉及国内外政治与政策类题材的中英文语料库。总之,无论你的稿件是哪种题材类型,它都应有与之相适应的语料库,这样的语料库在译者工作情况下才能称为有效语料库。

翻译所需语料的来源主要有以下三个方面。

1. 花钱购买所需语料库,为翻译稿件做准备。在翻译市场上,有不少人将自己搜集整理的语料库有偿分享,而语料库的价格也随着不同的题材类型和市场需求而变。

2. 通过在线语料库及语料库检索软件进行语料的查找与应用,被人们熟知并常用的在线语料库有:

英国国家语料库(BNC)

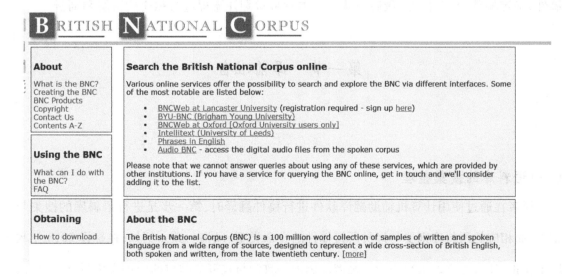

美国当代语语料库（COCA）

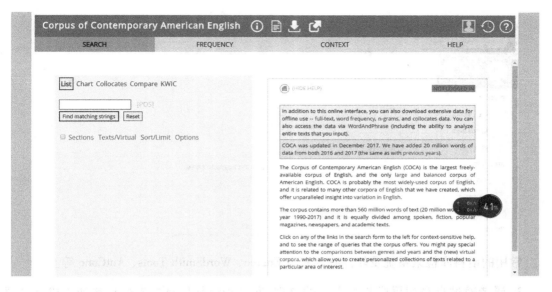

北大语料库（CCL）

国家语委语料库

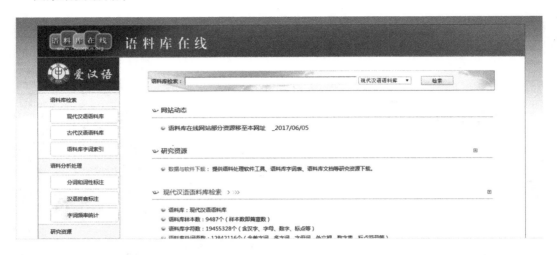

常用的语料库检索系统及软件有 Sketch Engine，WordSmith Tools，AntConc 等。

3. 译者通过自身积累或相关文章的整理,通过翻译软件将搜集的材料加工成有效语料库。

此种方式所做成的语料库与前两者相比,语料库的有效成分非常有限,但是它仍然能为译者提供相关句型以及词汇的帮助。语料库的不断累积、加工,对后来的翻译稿件也益处颇多。

例如,下面这份文件,任何格式的语料都可将其整理为中英双语对照版,建立自己的语料库。

经济发展

关键词汇:
第一产业（农业）　agriculture (primary industry)
第二产业（工业）　manufacturing industry (secondary industry)
第三产业（服务业）　service industry (tertiary industry)
主要经济指标　major economic indicators
国内生产总值　GDP gross domestic product （商品和劳务币值总和，不包括海外收入支出）
国民生产总值　GNP gross national product（商品和劳务币值总和，包括海外收入支出）
人均国内生产总值　GDP per capita
宏观经济　macro economy
互助基金　mutual fund
扩大内需　expand domestic demand
不景气　slump （衰退 recession）
财政赤字和债务　deficits and the national debt

将其整理为中英对照版,建立为自己的语料库。具体操作可参考本书语料库的建立章节。

第一产业（农业）	agriculture (primary industry)
第二产业（工业）	manufacturing industry (secondary industry)
第三产业（服务业）	service industry (tertiary industry)
主要经济指标	major economic indicators
国内生产总值	GDP gross domestic product
国民生产总值	GNP gross national product
人均国内生产总值	GDP per capita
宏观经济	macro economy
互助基金	mutual fund
扩大内需	expand domestic demand
不景气	slump
财政赤字和债务	deficits and the national debt
技术密集型	technology intensive
大规模生产	mass production
中国人民银行	The People's Bank of China
中央银行	central bank
四大国有商业银行	4 major state-owned commercial banks
中国银行	Bank of china
中国工商银行	Industrial and Commercial Bank of China

(二)文件准备工作

无论是在语料准备阶段还是进入翻译阶段,文件夹的合理应用都会为后面的翻译工作提供不少便利。在此处,我们在对翻译稿件进行合理分析后,认为文件夹应以日期命名,文件夹中至少有五个文件,分别命名为原文、译文、校对、双语定稿、参考译文。这样建成的文件夹有利于后续的一系列操作,也会避免稿件的丢失或遗漏。

第一步:新建文件夹,命名为"翻译文件"。

brovo	2018/4/9 星期一 …	文件夹
composition	2018/4/27 星期…	文件夹
lewin	2018/4/29 星期…	文件夹
第四周计算机	2018/5/1 星期二 …	文件夹
翻译文件	2018/5/1 星期二 …	文件夹
计辅编书	2018/4/19 星期…	文件夹

第二步：新建文件夹，命名为"翻译"。

名称	修改日期	类型	大小
翻译	2018/5/1 星期二 ...	文件夹	
教学	2018/5/1 星期二 ...	文件夹	
语料	2018/5/1 星期二 ...	文件夹	

第三步：新建文件夹，以"翻译公司"名称命名。

名称	修改日期	类型	大小
沪通翻译公司	2018/5/1 星期二 ...	文件夹	
李闯翻译公司	2018/5/1 星期二 ...	文件夹	
文静翻译公司	2018/5/1 星期二 ...	文件夹	

第四步：以翻译文件的日期命名新建文件夹。

20180501	2018/5/1 10:47	文件夹

第五步：以翻译文件的日期命名的文件夹中至少有五个文件，分别命名为参考、净文、校对、译文、原文。

名称	修改日期	类型
参考	2018/5/1 10:45	文件夹
净文	2018/5/1 10:45	文件夹
校对	2018/5/1 10:45	文件夹
译文	2018/5/1 10:45	文件夹
原文	2018/5/1 10:45	文件夹

文件的一系列准备工作看似简单，但实际操作中在此环节若粗心马虎也会对后续工作造成不小的影响。所以翻译的每一步都必须非常细心、谨慎，在平时工作中，要多注意细节，相信细节决定成败，这很可能会对后续翻译工作提供极大的帮助和便利。

第二节　翻译过程

翻译稿件是翻译流程中的核心步骤,翻译公司接稿后,会指派一名翻译人员对稿件进行分析,以确定其专业范围、性质和难易程度。以此为基础,考虑客户的具体要求。翻译文件可能以不同格式出现,如 MS Word,Excel,PDF,PPT,图片,这就需要译者熟悉各种文件格式在计算机辅助翻译软件中的具体操作,详情可以参考本书其他相关章节。

(一)确定句子结构,确定时态

翻译时确定译文的句子结构以及时态是重要的步骤。在平时的学习中我们不难发现,若一篇译文中句子结构错乱,前后时态不一致,那么它的词藻不论有多华丽,也不能称为有效译文。而与之相反的是,如若译文中句子结构正确,前后时态一致,那么即使文章使用一些不常见的词汇,它也能使读者了解译文的大意。

以中英文表达为例,中文结构中,背景事实部分主要位于句子的前部分,而表态、判断则通常置于句子之后,属于"前次后重"的结构;而英文则相反,属于"前重后次"的结构,表态、判断在前,事实背景在后。在翻译中,我们要了解这一系列的框架原则,使得文章逻辑清晰、有条理。为了保证文章逻辑清楚,时态的正确运用与选择非常重要,尤其是在叙述类题材中,时态的作用就显而易见,对译者的基本功要求也就增大,具体时态的确定与操作,参考语法类书籍。下面具体来看一个例子,体会一下句子结构与时态的重要性。

原文:匆忙与休闲是截然不同的两种生活方式。但在现实生活中,人们却在这两种生活方式间频繁穿梭,有时也说不清自己到底是"休闲着"还是"匆忙着"。譬如说,当我们正在旅游胜地享受假期,却忽然接到老板的电话,告诉我们客户或工作方面出了麻烦——现代便捷先进的通信工具在此刻显示出了它狰狞、阴郁的面容——搞得人一下子兴趣全无,接下来休闲只是徒有其表,因为心里已是火烧火燎了。

下面我们就来以上文中的一句话为例,逐句分析翻译时如何确定结构和时态。

譬如说,当我们正在旅游胜地享受假期,却忽然接到老板的电话,告诉我们客户或工作方面出了麻烦。

译文 1：For example，when we **are** spending our holidays in a scenic spot，a phone call from the boss **tells** us something emergent have happened about our clients or work.

译文 2：For example，while we **were** spending our holidays in a travel resort，all of sudden，our boss **called** and **told** us that either our clients or our works had something terrible.

评析：译文 1 和译文 2 基本结构一致，选择时间状语从句，再加主句；1 句时态选择了一般现在时，2 句时态选择了一般过去时，意思基本忠实原文，但结合原文来看，两者都有不足。第一句的意思是只要我们度假老板就会打电话，第二句是过去时态，而这里只是一种概率性的举例，所以过去时态也不是很好。

译文 3：For example，when we are enjoying our amusement in a holiday resort，there is a sudden call from the boss，telling that the task or the customers to be in need of our greatest care.

评析：此句译文就使用了一个表达状态的 there be 结构，解决了翻译"却忽然接到老板的电话"的难题，这里通过词性的转化，用一般时态举例的翻译就解决了"接"这个动词的时态，更好地翻译出了原文的意境。

汉语缺少动词的变化，而在汉英翻译时，就要注意到英文的时态选择，要结合事件发生的时间与情境，而非主观臆断，信马由缰。

（二）看衔接与连贯

句子的衔接（Cohesion）与连贯（Coherence）要求译文语义完整连贯，句子结构严谨，行文时遵循主题一致原则，主次分明。那么如何做到衔接与连贯呢？

衔接手段主要分为三类：

一是逻辑词衔接。逻辑词的运用使文章句与句、段与段之间联系紧密。连词可表达各句间的从属、修饰、平行、对比等逻辑关系。常用的逻辑连接词有：for example，but，because，then，whenever 等。

二是词汇衔接。语篇通过词汇衔接使文章具有一定衔接力。其具体表现方式被分为四种，重复出现、同义词替换、同根词替换和固定搭配。同义词替换和相同词复现是指具有同样语义的词汇在同一语篇中不同位置反复出现。在译文中反复使用同一个词，会造成译文的枯燥乏味，而相反我们运用一些替换词就可以避免这一问题，特别是在英文中，会避免同一个词重复出现。

三是语法衔接。我们通常使用的语法衔接手段是替代和省略，因此在英译汉时，译者要弄清楚原文中的代词到底是照应那个词、句、段，省略的又是哪一部分，弄清楚这部分有助于理解原文要义。

我们来看个例子。以下这封推荐信校对稿由博博翻译公司提供。

Dai loves her endoscopic work, and started working on the endoscope in 2010. She was able to perform patient endoscopy and treatment patiently, and can improve her professional skills with the development of endoscopic technology. She always put extra efforts to her endoscopic technology not only in the working hours **and also** in her rest time.

More importantly, she understands that the best doctors are those who examine and treat patients with care.

此段是推荐信中的一部分，但是逻辑关系词运用不恰当，逻辑松散，连接不紧密，每一句都想表达为一个重点，突出其优秀的品质，恰恰显得主次不分明，逻辑上句句之间没有层层递进，本想强调的是被推荐人戴医生对于医学事业的热爱，希望获得继续深造的机会，这样写不够突出这个重点，没有做到形式衔接与内容连贯。

修改后：

DAI loves her endoscopic work, **and** as early as in 2010 she began her career of the endoscope. **When** performing patient endoscopy and treatment, she is always patient and careful. **What's more**, she can never stop improving her professional skills to keep up with the development of endoscopic technology.

Most importantly, she never cease to refresh her endoscopic technology in her rest time. **She strongly believes that** best doctors should be those who examine and treat patients with the greatest care.

首先，我们要清楚，这是一封推荐信，意在通过文字展现出被推荐人戴医生对于医学事业的热爱，并举出其在工作中的表现，以对待患者的耐心的例子反映出其兢兢业业的工作态度，表现出被推荐人具有足够的资质和品质继续深造。

要想做到衔接与连贯，必须使用一些词汇和语法的衔接手段。

例如，第一句叙述戴医生何时开始从事医学事业，接下来就举例。第一个例子，她在工作中耐心和细心地对待病人（When performing patient endoscopy and treatment, she is always patient and careful.）。第二个例子，她紧跟医疗事业的脚步，从未停止过提高自己的专业技术的步伐（What's more…）。下一句是上一句的印证，她甚至在休息时间都坚持更新医术（Most importantly…）。最后一句，提出作者想表达的重心，重点强调医者的仁爱之心，只有细心、耐心地对待病人的医生才是好医生（She strongly believes that…）。

对文本做了这样的逻辑调整之后，文章句句之间逻辑层层递进，紧密衔接，流畅自然。

句子的衔接的最终目的是使篇章衔接，衔接与连贯互相渗透，互相影响，在做好句子的衔接之后，连贯性的问题也迎刃而解，二者你中有我、我中有你，合理运用相应的衔接手段，有利于保证译文的连贯性，使译文具有较高的可读性。

第三节　翻译后期

（一）语言校对与译文美化

在语言校对这一步骤中，几乎所有的翻译公司都会指派一名精通语言的高级译审进行二审，重点放在选词以及语言表达方面。对校对工作的重视，以及要求的严格，这些都体现了高度的责任心。因为各公司深知，在翻译工作中的任何疏忽不仅会破坏他们的声誉，也会损坏客户的利益。因此语言校对也是不容忽视的重要环节。

在校对完稿件之后，会对译文进行美化。做到文字优美、表达流畅，符合译入语的文化习惯，使译文最终达意、传神，并适应原文的风格，这就需要译者下足功夫去研究如何进行译文的美化。本书第十章会专门讲解译文美化，可进行深入学习。请看以下例句：

原文：匆忙与休闲是截然不同的两种生活方式。

翻译一般思路：定结构，找主谓宾。主语：匆忙与休闲；谓语：是；宾语：两种生活方式；定语修饰宾语：截然不同的；定时态：一般现在时。

所以，一般译文为：Hurry and relaxation are two totally opposite life styles.

评析：如果不追求文章意美，这个译文是可接受的。但是，我们可以发现，"匆忙与休闲"是生活的两种状态，表达某种状态时可以用 being 结构，谓语动词依据主谓一致选择。

由此,译文美化后为:Being hasty and being leisurely are two distinct life styles.

此处大家也会发现,名词和形容词的选择也略有不同,那么如何表达"匆忙与休闲"和"截然不同"呢？ 这里使用静态语言表达状态,所以也更加地道、自然。

不过,要做到忠实原文容易,但要做到文字优美、表达流畅,衔接与连贯运用得当,并非易事。使译文最终达意、传神,并适应原文的风格,这就需要译者下足功夫去研究如何进行译文的美化了。

(二)交稿

确定好稿件最终版本之后就可将最终翻译好的稿件通过传真、电子邮件或客户认可的其他方式在规定时间内迅速送达。

结　语

通过本章对翻译流程的解说,相信各位同学们都已经了解到,各项流程在翻译过程中的重要作用,它们缺一不可。在翻译前,切不可急躁切入,亦不可先入为主。一定要对句子结构、背景知识和中英文的差异等有深入的理解和分析,确保翻译的准确性。在翻译时以及翻译后期也不可忽略翻译中的小细节,要做好每一步,以确保万无一失。

课后练习

1. 被人们熟知并常用的在线语料库有哪些?

2. 翻译流程有哪几个步骤? 分别需要做什么?

3. 得到语料库有几种方法?

4. 建立自己的语料库有哪些步骤?

5. 如何准备建立语料库需要的文件?

第九章

衔接与连贯在机辅翻译中的应用

第一节　概　述

语篇研究的要点是衔接与连贯，是语言学研究的两个基础概念，也是两个常用的成篇手段。文章只有做到衔接与连贯，语篇才能有立足点，文章才具有可接受性，才能进一步引导读者抓住文章关键信息。语言学中的语篇是翻译研究中的一个新的角度，研究者通过对原文和译文的研究，通过分析文本来推断译者使用的翻译技巧和方法，进而判断译者在翻译过程中是否做到了语篇的衔接和连贯。

本文将从各个翻译单位中语篇的角度来阐述衔接与连贯，旨在结合翻译实践中的例子来阐述语篇的衔接与连贯的问题，找到提高翻译技能的具体策略，逐步培养和开拓译者的语言与文化语境意识。研究分析英汉翻译中衔接与连贯的问题，不仅对培养译者的文化意识和翻译自觉很有帮助，还可以培养译者找到灵活的语言转换之道，最终对文章做出准确的理解，教师也可据此提出翻译教学策略，由词到句子，再逐步将文本提高到段落和语篇的较高层次，最终对翻译形成比较正确的认识和操作意识。

而我们在使用机辅软件进行翻译时，软件通常按照段落标记记性断句，就把原本意思连贯的语句分成了两部分，所以在机器软件辅助翻译往后，在后期进行加工的时候，就需要人工对译文进行调整，使之达到语言衔接规范，意思连贯。

现在我们以下面这句汉英翻译为例：

周恩来的房门开了。他们看到一个身材修长的人，比普通人略高，目光炯炯，面貌引人注目，称得上清秀。

我们使用计算机辅助翻译软件的时候，往往是按照段落标记符，也就是句号或者 Enter 键来进行断句，就会断在"周恩来的房门开了"之后。

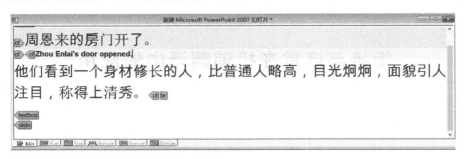

继续翻译下一句，但这样就把原有意思连贯的文字断开了。

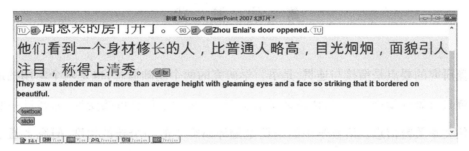

翻译的结果就是这样的句子，这是不符合文本的形式衔接与内容连贯的。

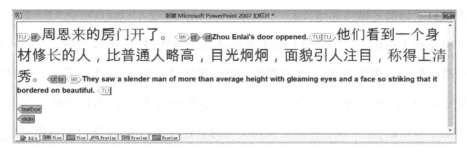

汉语原文由两句话构成，没有一个连接词语。但观察发现，这两个句子的动作是同时发生的，是在门开的同时看到这样一个人。所以我们对其进行人工处理，"**周恩来的房门开了。他们看到一个身材修长的人，比普通人略高，目光炯炯，面貌引人注目，称得上清秀。**"将这一句的句号改为逗号，此时电脑就可以识别了。

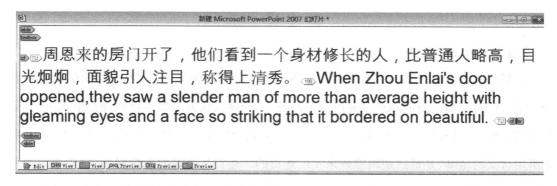

在运用机翻的时候往往会忽略这一点，直接依据文章的标点符号来进行翻译。此时就需要对文档进行 clean，使用人工干预的方式处理了以后，使译文不但形式上衔接，更从内容上达到连贯。此时，原文两个分句就变成了一个合句，并且在其中加上了 when，of，with，and，so...that 等关系词，将其集合成一句翻译。

译文：When Zhou Enlai's door opened，they saw a slender man of more than average height with gleaming eyes and a face so striking that it bordered on beautiful.

由此例可知衔接与连贯在机器翻译中的重要地位，下面我们就具体学习衔接与连贯的相关内容。

第二节　衔接与连贯

（一）衔接（cohesion）

衔接是指语篇中的各部分在词汇或语法方面所具有的相应的联系，这种联系存在于不同的翻译成分之间，确保了意义上的连贯、文本的流畅和正确的行文。胡壮麟在《语篇的衔接与连贯》中指出，衔接是一个语义概念，指的是语篇中语义成分之间的语义联系。当语篇中一个成分的含义要依赖于另一个成分来解释时，便产生了衔接。也就是说，如果篇章中对某一语言成分的理解取决于对篇章中另一语言成分的理解，那么这两个语言成分之间就存在衔接关系。在翻译时，对衔接与连贯的认识和把握最终会直接影响翻译的质量。

(二)连贯(coherence)

连贯是从内容以及结构方面来看文本各部分之间的逻辑关系、内容的组织结构是否合理。学者针对语篇连贯的观点主要可分为两类,一种观点认为语篇连贯体现在形式上,其条件为衔接性、一致性及关联性;还有一种观点认为语篇连贯并不体现在语言形式上,而是属于语用含义的范畴,是通过逻辑推理来实现连贯的。连贯是语篇的无形网络,也是语篇的基础特征,能够使篇章成为一个有意义的整体,语篇成分连贯的实现与否直接关系到译文的交际功能的实现与否。

(三)衔接与连贯的关系

衔接表现在语篇的语法或词汇的合理性上,是一种表层形式结构,而连贯则存在于语篇的语义或功能连接关系上,是一种深层形式结构。衔接和连贯是语篇中固有的两种语义关系,都有各自的实现手段,分别从微观和宏观两种层次上起着连接篇章各成分的作用,相互贯通,相互影响。因此,可以说衔接是为了达到语篇连贯的一种手段,而连贯则是语篇生成的最终目的。衔接与连贯是相辅相成,相互依存的,我们要辩证地看待衔接与连贯的关系,不能将其理解为同一概念,也不能将其割裂开来研究。

第三节 从形合与意合的角度看衔接与连贯

(一)何谓形合? 意合?

许多研究者认为,英汉翻译存在差别的一个重要因素是形合(hypotaxis)与意合(parataxis)。

英语是形合语言,注重语法结构,其行文以语法为基础,通过一些连接词等的使用使译文达到意义的连贯、文本的流畅和行文的衔接。语法形式与语义之间相互联系,相互制约;语法形式表达语言的意义,又间接体现着语言的意义。翻译单位(单词、短语、句子、意群、句群)之间的逻辑关系用连词、介词、关系代词、关系副词、连接代词、连接副词、同义词替换、相同词再现等显性连接形式做到衔接与连贯。**英文的句号往往就是意思的终止处，是形和意的结合。**

汉语是**意合语言**，注重语义结构，是一种语义型的语言，各分句之间的关系通过隐性的逻辑纽带或事物的顺序表达，句篇重在传神，中心语言之后还有隐含寓意。此外，中文较少使用关联词，句子结构较为松散，不像英文篇章有那么多连接词，而是按照逻辑关系和叙述的事理顺序等自然连接，要求前后语义贯通，通过首尾呼应等隐性连接形式来表达中心思想。中文标点符号处往往有可能不是它意思的终止之处，判断终点线节点在何处是看整句话意思是否表达完整。

例如，我们常说："天气变凉了，你要多穿点衣服。"在这句日常用语中，虽然没有明确的连接词表达相互之间的关系，但其实两句表达的意思之间存在因果这层隐性的逻辑关系。如果是英语，会添加具有语法功能的关联词，如"因为天气变凉了，所以你要多穿点衣服。"

（二）英译汉—形合转意合

在英译汉时，要尽可能采用意合的方法，才能符合汉语的表达习惯，使译文清晰明白。请看下面的例句，注意体会形合到意合的转换：

例：If the upper beam is not straight, the lower ones will go aslant.

形合译法：如果上梁不正，下梁就会歪。

意合译法：上梁不正下梁歪。

评析：各成分之间虽然没有关联词，但两个分句之间却隐含着条件关系，在英译汉时，要特别注意英语是形合语言这一特点，不要一见 if... will...就翻译成"如果……就……"，而是要符合译入语的表达习惯，英译汉时要注意关联词和次要成分的省略。

英语中除了多用关联词外，还有其他连接手段，有词汇衔接和语法衔接。以动词为例，动词不但可以通过词的形态变化表示时态、语态和语气，其非谓语形式，还可以表示各种结构和逻辑关系，这也是英语形合的体现。

（三）汉译英—意合转形合

与英文不同，汉语结构的最大特点是重传神，重意合，一般不需要将语法结构词译出，只要上下文语义及逻辑正确，就可合在一起。汉语句子强调语言内涵，表现在：关联词省略，次要成分的省略。在汉译英时，需注意汉语意合这一特点，将隐含关系表达出来，增补表条件、表转折的连词，使译文忠实原文。请看下面的例句：

例1：跑得了和尚跑不了庙。

The monk may run away, but never his temple.（译文增补词 but…）

例2：学得有趣，效率就高；学得枯燥，效率就低。

错误译法：Learn with fun, efficiency will high, learn with dreary, efficiency will low.

评析：此译法没有注意英语形合的特点，只是顺着汉语意思望文生义，不合语法规则。

修改：Learning is more efficient when it is fun, less efficient when it is dreary.

评析：原文前后句中隐含着条件关系，译文中加上了连接副词，句子结构简明，句意清晰。

重意合的汉语动词丰富，其使用频率远远超过了英语中的动词，然而汉语中介词却相对贫乏，而且还缺少词形变化，往往区分时态只能使用时间状语，而且动词也没有谓语形式和非谓语形式之分，英语中使用介词的地方，汉语往往使用动词。仅"拥有"一词就有多种译法：own, possess, have, hold…，也可以用介词 in possession of。

造成这种差异的原因是英语语言中的介词数量庞大，使用频率高，而且不同词性之间可以相互转换，英语专业的学生掌握起来都比较困难，更何况是非英语专业的学习者。只有通过不断地练习，不断地积累，才能灵活运用介词的翻译技巧。其次，英汉的这种差异反映了中西方思维习惯、文化的差异。从文化上讲，西方人注重形式逻辑、抽象思维；而中国人重视理论感悟，轻视举例分析。这种差异会给语言学习者产生一定的影响，许多学生在写作或理解时没有使用衔接手段的意识，要做到语篇衔接与连贯技巧的正确使用就更是难上加难，所以造成用中文思维翻译出来的文章语义表达模糊不清，逻辑条理不清，甚至不知所云。

不同文化背景和语言表达习惯各有差异，我们作为学习者想要掌握翻译技巧，不仅要学好英语，更要学好母语，要从根本上了解中英语言的思维差异，将其研究透彻，译者万万不可忽略语篇的衔接与连贯，还应当牢记，衔接和连贯都是主要矛盾，必须兼顾。语篇的意义取决于其形式衔接与内容连贯的统一程度，做到衔接与连贯，才能使文章文意通畅，合情合理，最终确保翻译质量。

第四节　衔接手段与翻译策略

英汉两种语言或意合、或形合的特点决定了语篇衔接手段的使用各有偏重。汉语更常用原词复现和省略，而英语则多用照应和替代。英汉两种语言在衔接方式上的这种差异往往导致翻译的语义缺失，而连贯与否的判断与衔接手段的处理也成为翻译教学的难点和重点。下面我们通过两种衔接手段来学习翻译策略。

（一）词汇衔接（lexical cohesion）

词汇衔接表现在语篇中出现的词汇间具有语义重复关系或包含关系。词汇衔接的基础是语义包容或是词素具有相同意义，指的是词汇之间以近义词、同义词、同根词等替换，指称关系明确。例如：名词单复数（孩子/孩子们 child/children），时态（get/got），语态（doing, be done…），词性（信息/信息的；information/informational），等等。这些词在形式上略有不同，但基本词义相同。

语篇通过词汇衔接具有一定衔接力。词汇衔接方法常是按照同义替换、相同词复现的原则展开叙述的。同义替换和相同词复现是指具有同样语义的词汇在同一语篇中不同位置反复出现。

每篇文章不论是以何种形式行文，都有固定的文化背景和中心思想。读者要结合文章的背景知识，找准主题词，帮助理解文章。事实上，文章当中出现频率最高的同义词、复现词就是文章的主题词（subject key words）。我们在翻译组织语言时就可以利用这一线索，再结合相应的语义场景，利用以下五种一致性原则推测生词含义：

1. 主题词重复（the same subject key words）；

2. 替换（similar to subject key words）；

3. 代词指代（pronoun）；

4. 对立，对比（contrast）；

5. 上下义（subordinate）。

在选择词汇指称意义翻译原文时，要更多地理解上下文，特别注意词义在上下文的一致性原则(contextual consistency),而非选择词汇一成不变的指称意义(verbal consistency)进行翻译,避免望文生义。将英汉互译和语义场景结合起来推测生词含义,才能做到衔接与连贯。

(二)词汇衔接翻译策略

1. 根据词所在句中的词性确定词义

选择词义,要先判断一个词在句中是哪种词性,起什么作用,然后再确定其适当的词义。

例如:round 一词有很多词性:介词、副词、形容词、动词。

Shall I show you round? 我带你四处溜溜可好? 此处用作副词。

The egg is as round as a ball. 这个鸡蛋和球一样圆。此处用作形容词。

2. 根据词的搭配并结合中文场景确定词义

英汉的固定搭配习惯不同,在英汉互译时需按照汉语的文字习惯翻译,才能符合译入语的表达习惯。

例如:to make a fire 生火

to make money 赚钱

a heavy rain 大雨

3. 根据语义场景确定词义

一个词的意思会因为使用场合与领域的不同而产生差异,所以在翻译时译者必须要结合源语言的文化背景与文章背景,找准主题词,选择合适的词义。

例如,develop 一词在不同的背景下词义就不同。

在商务背景下,develop a product(开发产品),此处为"开发"的意思;

在经济背景下,our country developed rapidly(我国发展迅速),此处为"发展"的意思。

所以,在不同的语义场景下对原文不同的解读就产生了不同的译文。

4. 推敲生词含义一致性原则

主题词重复(the same subject key words);

替换(similar to subject key words);

代词指代(pronoun);

对立、对比(contrast);

上下义(subordinate)。

(三)语法衔接(grammatical cohesion)

语法衔接体现在文章各部分语义间的照应(reference)、省略(ellipse)、替代(substitution)和连接(conjunction)上。英语句中的各个成分可由连词、介词、代词、关系代词、关系副词、连接代词或连接副词连接起来,连词可表达各句间的从属、修饰、平行、对比等逻辑关系。汉语则是通过上下文意进行前后衔接。翻译时要克服这种思维方式的固化,避免语法关系混乱,逻辑错误。

例如:我完成了作业。我可以出去玩了。

I have finished my homework, so I can play outdoors.

Since I have finished my homework, I can play outdoors.

评析:这两句话之间隐含着因果关系,用表示因果的连接词表示;在翻译时要将隐藏的逻辑关系译出。

(四)四种语法手段

1. 照应(reference)

照应是指语篇中一语言成分与另一语言成分可以相互解释的关系。照应可分为人称照应和指示照应。人称照应通过人称代词(如 he,she,him,them,it 等)及相应的限定词(如 his,her,their 等)和名词性所有格(如 his,hers,theirs 等)来体现。和汉语相比,英语人称代词的用法比较繁杂。因此在英译汉时,译者要弄清楚原文中的代词到底是照应那个词、句、段,这样有助于理解原文。

例如: Even if a woman police officer was deputed to find the girl, she certainly could search the panties of each every woman in this crowded city. It would be a waste of time and energy.

若未理解 it 所照应的成分,就会破坏译文的衔接性,因而错译为:

而且,即使派出一位女警去找那个女孩,在这个拥挤的城市中,她也不会费时费力地去搜查每一个女人的紧身短裤。

正译：即便派一位女警去找那个女孩，在这个拥挤的城市中，女警也不可能把每一个女人的裤子都搜遍。这只是白白浪费时间和精力。

分析：原文第二句中的主语 It 照应（指代）前一句话所述内容。

2. 省略（ellipse）

省略是指把语篇中的某个相同的不需要重复的成分省略，重点强调新内容，使上下文衔接紧凑，被省略的成分要借助上下文才能理解。翻译时只需译出重复语义的一个即可。

英语是以形合为主的语言，它可以借助于时态、情态等语法手段将实意动词省略，所以在英译汉时须将省略的部分补充完整；而汉语则是以意合为主的语言，通常省略主语，因此在汉译英时需增加主语。

例 1：他们开始研究敌情，分析敌情。

They began to study and analyze the situation of the enemy.

此处译文"敌情"只出现了一次，相同成分省略。

例 2：Studies serve for delight, for ornament, and for ability.

读书足以怡情，足以博采，足以长才。（王佐良译）

3. 替代（substitution）

替代是指用替代词替代上下文所出现的词语，因此替代词只是形式，其具体语义的理解要结合其对应替代的成分。

常见的名词性替代词有 one, the same, ones；动词性替代词有 so, not, do, do so。在英译汉时，往往使用原词复现或省略的方式来达到语篇的衔接。

例如："我丢了表。""去买一块新的。"

译："I lost my watch." "Get a new one."

4. 连接（conjunction）

连接是通过连接成分体现语篇中各种逻辑关系的手段，连接成分往往是一些过渡性的词语，表示时间、因果、转折条件等逻辑关系。

例如：As the desert is like a sea, so is the camel like a ship.

直译：沙漠就像海，正如骆驼就像一条船。

意译：大漠似海，骆驼如舟。

分析：如将上句译为"正如沙漠像海，因此骆驼就像一只船。"显然是直接翻译英语中的 As...so...就会导致译文生硬没有体现中文意合的概念。

从上述例子可见，英语注重句子结构的完整性，根据说话人所表达意思的主次来决定主从句，因而要做到主次分明、结构清晰。其次，通过使用必然的连词，使句子、段落衔接得当，连贯一致。

第五节　语篇的连贯

语篇的连贯性是指语篇的组成部分以语法为基础，在意义或功能上的连接关系。它不是由语篇的形式和语义特征决定的，而是由特定的文化语境、认知模式、情境语境、心理思维等方面决定的。语篇的连贯是由衔接手段所取得的效果，主要由以下三个方面决定：

1. 语篇内部的句子、段落在意义上是衔接的；

2. 以语篇的衔接手段形成的语义内容没有矛盾，整体上没有语义缺失；

3. 语篇的形成必须有相应的语义场景作为背景并发挥适当的意义功能。

要做到语篇连贯，译者必须明确以下原则：

1. 语义功能行使恰当，形成一个语义整体；

2. 无论在宏观还是在微观上都形成了有机的语义网络；

3. 整体性，前后一致、相互呼应；

4. 功能上不仅要与交际语境、文化情境融为一体，还要适合固定语言文化背景的要求，遵循固定语言文化的使用规则。

在意义的连贯上，英语初学者不了解英汉语篇结构的不同，写作中常常会忽视衔接手段的使用。请看以下段落：

But everything has two sides. Indeed science and computing technology have brought us lots of benefits. We are enjoying them, but we are also suffering from series of troubles: air and water pollution, noise and safety problems. For instance, hackers steal our privacy. They are responsible for some economical crimes because we do not have the power to protect our private information.

该段落从构成上,有主题句和扩展句,符合英语段落的结构,但读起来不够通顺,缺乏连贯与衔接。现改为:

Everything, **however**, has two sides. **While** we are enjoying the remarkable benefits **which** science and computing technology have brought us, we are suffering from series of troubles such as: air and water pollution, noise and safety problems. **Let's take safety problems for example**, hackers not only know our privacy but also steal our money. **Moreover**, they are responsible for some economical crimes because we do not have the power to protect our private information.

可见,语义的连贯与衔接是十分重要的。恰当使用过渡词,可使文章的启、承、转、合融会贯通,连成一体,使文章的结构条理清晰,层次分明。

例文:我的导师是亚裔人,嗜烟好酒,脾气暴躁。但他十分欣赏亚裔学生的勤奋与扎实的基础知识,也特别了解亚裔学生的心理。因此,在他实验室所招的学生中,除有一位来自德国外,其余 5 位均是亚裔学生……他干脆在实验室的门上贴一醒目招牌:"本室助研必须每周工作 7 天,早 10 时至晚 12 时,工作时间必须全力以赴。"这位导师的严格及苛刻是全校有名的,在我所待的 3 年半中,共有 14 位学生被招进他的实验室,最后博士毕业的只剩下 5 人。

下面我们选取这段文字中的一句话为例来体会一下衔接与连贯的重要性。

第一句,"我的导师是亚裔人,嗜烟好酒,脾气暴躁。"

评析:如果按照中文意思的完整为标志进行断句的话,那第一句就是一句话。第二句又是一句话,来阐述主语的生活癖好,第三句叙述他的性格特征。我们继续看下一句,"但他十分欣赏亚裔学生的勤奋与扎实的基础知识,也特别了解亚裔学生的心理。"会发现这句同样谈的是我的导师。意思紧密相关,中文表达时却与上句之间用句号隔开了。

有的译者会按照自己的理解翻译为:My supervisor is of Asian origin. He likes alcohols and cigarettes. He has a bad temper.

这句话这样译来似乎并无大错,但这只是生硬地翻译,并没有考虑这段话前句与后句之间的逻辑关系和连贯性。

不论是在人工翻译还是在计算机辅助翻译中,这样翻译都没做到真正意义上的忠实原文,逻辑紧密,语言通顺,因为机器断句的标志往往是句号,会将中文的意思截断,不能完整表达一句话的意思。我们尽管借助了机器翻译,但还是需要人工参与翻译,这里我们就可以采用衔接与连贯的翻译方法,借助词汇衔接和语法衔接对这句话作以恰当调整,使其做到形式上衔接与内容上连贯。

因为"我的导师……脾气暴躁。"才能和下句的"但他十分欣赏……"产生意思上的连贯,是一种转折,因此将主句确定为:"我的导师,脾气暴躁,是亚裔人"这句话,做导师的同位语,用逗号隔开,My advisor, an Asian American;嗜烟好酒,是导师的生活习惯,用定语从句 who was addicted to smoking and drinking 处理,who 代指先行词我的导师。

译文:My advisor, an Asian American, who was addicted to smoking and drinking, was bad-tempered.

所以在做汉译英时,一定要注意这种语言差异。尽量使用衔接与连贯的手法作处理,尽量缩小译文与目标语言之间的差异。

我们来看看计算机辅助翻译如何处理衔接与连贯。

例:它们几乎没有一个顾得上抬起头来,看一眼这美丽的黄昏。也许它们要抓紧时间,在即将回家的最后一刻再次咀嚼。

我们使用计算机辅助翻译软件的时候,往往是按照段落标记符,也就是句号或者 Enter 键来进行断句的,因此就会断在"……看一眼这美丽的黄昏"处。

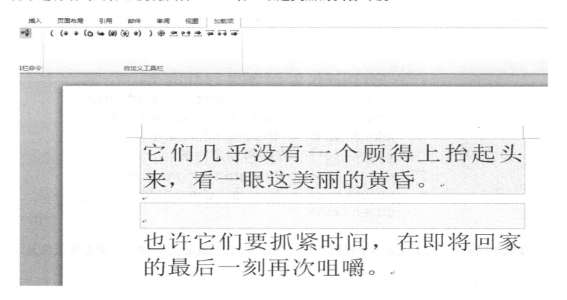

继续翻译下一句,但这样就把原有意思连贯的文字断开了。

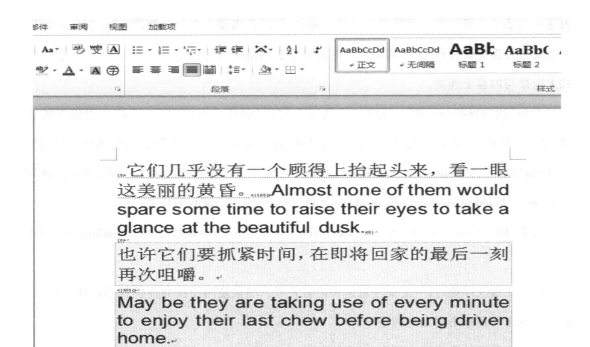

翻译的结果就是这样的句子,这是不符合文本的形式衔接与内容连贯的。

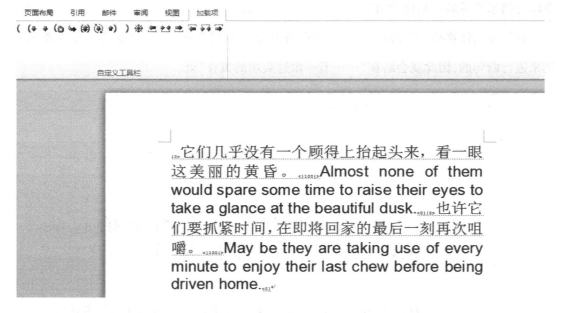

在翻译结束之后,发现文本中保留了一些翻译的标记,就是文本和译文相连的紫色分隔符,如上图所示。

但是翻译完成要交付给客户稿件时,并不需要这些有标记的译文。所以说,我们只需要

保留中英对应的译文,我们需要进行相关人工操作,清理这些标记。下面简单介绍清理译文中的标记的方法:

第一步:运行 office 中的"视图"选项中的"宏"。

第二步:打开运行,输入 tw4winClean.Main。

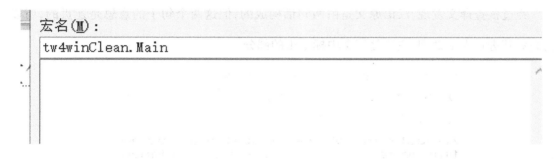

第三步：单击"运行"，即可清理。

> 它们几乎没有一个顾得上抬起头来，看一眼这
> 美丽的黄昏。也许它们要抓紧时间，在即将回
> 家的最后一刻再次咀嚼。
>
> Almost none of them would spare some time to raise their eyes to take a glance at the beautiful dusk. May be they are taking use of every minute to enjoy their last chew before being driven home.

经过核查译文发现，汉语原文是由两句话构成的，但这两个句子的意思是连贯的，所以我们对其进行人工处理，主要处理文中标记出的部分。

> 它们几乎没有一个顾得上抬起头来，看一眼这
> 美丽的黄昏。也许它们要抓紧时间，在即将回
> 家的最后一刻再次咀嚼。
>
> Almost none of them would spare some time to raise their eyes to take a glance at the beautiful dusk. May be they are taking use of every minute to enjoy their last chew before being driven home.

在我们运用机器翻译的时候往往会忽略这一点，因为机器翻译会直接依据文章的标点符号来进行翻译。此时就需要对文档进行人工调整，使用人工干预的方式处理了以后，使译文不但形式上衔接，更从内容上达到连贯。

修改后的译文：All too busy to look up at the beautiful dusk, they are, perhaps, making use of every minute to enjoy their last chew before going home.

此时，原文两个分句就变成了一个合句，并且在其中修改或添加一些衔接词，将其集合成一句完整的翻译。

它们几乎没有一个顾得上抬起头来，看一眼这美丽的黄昏。也许它们要抓紧时间，在即将回家的最后一刻再次咀嚼。

Almost none of them would spare some time to raise their eyes to take a glance at the beautiful dusk. May be they are taking use of every minute to enjoy their last chew before being driven home.

修改后：
All too busy to look up at the beautiful dusk, they are, perhaps, making use of every minute to enjoy their last chew before going home.

它们几乎没有一个顾得上抬起头来，看一眼这美丽的黄昏。也许它们要抓紧时间，在即将回家的最后一刻再次咀嚼。

All too busy to look up at the beautiful dusk, they are, perhaps, making use of every minute to enjoy their last chew before going home.

这时就变为客户需要的中英文文档对照版本，至此翻译完成。

结　语

在翻译中，除了要把握原文的文体、风格外，还要理清文章的脉络、层次以及衔接、连贯和内在逻辑关系。同时要有强烈的语篇意识。语篇的作者力求最大限度地保持语篇的连贯性，有利于语篇的接收者理解话语。在语篇的生成过程中，译者可以根据需要选择适当的衔接手段，力求语篇的连贯性，并使语篇的接受者更易理解。译者在翻译时对于语篇结构、语言结构、语篇组织的掌握与运用是语篇衔接与连贯的具体体现。

课后练习

1. 机辅翻译软件是通过什么方式断句的，和人工断句有何不同？

2. 举例说明什么是形合和意合。

3. 简述衔接和连贯的关系。

4. 简述形合与意合在翻译中的策略和应用。

5. 什么是词汇衔接？什么又是语法衔接？它们在翻译中有什么作用？

第十章

译文美化及格式的规范处理

严复在《天演论》中提出的翻译标准"信、达、雅",一直为译者们所信服,也是译者们所追求的译文标准。信,即译文忠实原文;达,即译文语言通顺流畅;雅,则是译文富有文采。不过,要做到忠实原文容易,但要做到文字优美,表达流畅,符合译入语的文化习惯,使译文最终达意、传神,并适应原文的风格,这就需要译者下足功夫去研究如何进行译文的美化了。本章将从词、句、篇章的角度来阐述译文美化。

第一节 词语的美化

(一)积累固定表达

英语中存在许多固定表达,我们需要不断积累,并将这部分表达输入大脑记忆库,用时方可得心应手。下面列举一些固定搭配来体会中英文文字之间转换的魅力。

例如:speak one's mind 畅所欲言

In deep water. 水深火热。

From the cradle to the grave. 一生一世。

turn a deaf ear to... 对……充耳不闻

Look before you leap. 三思而后行。

More haste,less speed. 欲速则不达。

（二）确定词义

通过前面章节的学习，我们了解到文化背景与思维方式之间紧密的联系，从而发现中西方文化的差异就是造成中西方语言差异的根源。因此，译者在选择词义时，要将文化背景作为一个重要的因素考虑，结合固定语义场景，并根据词性、固定搭配和习惯用语，反复对比两种语言之间的差异，然后对词义做出恰当的调整。

词义的确定有以下几种策略：

1. 根据词语所在句中的词性确定词义；

2. 根据词的固定搭配并结合中文场景确定词义；

3. 根据语义场景确定词义。

（三）意象的使用差异

这里以中文的"草"字为例，阐述中西方的意象使用差异。

例 1：好马不吃回头草。

You should not fish the fish you have let go of.

例 2：兔子不吃窝边草。

You should not fish in the neighbor's pond.

例 3：天涯何处无芳草。

There are lots of fishes in the ocean.

评析：以上例句为何将"草"译成"fish"而非"grass"？

其根本原因是文化差异。一个民族的语言深受其生活环境、思维方式的影响，这就造成选词时意象的差异。西方是海洋文明，鱼就是海洋文明的象征；而东方是农业文明，土地和天受人敬畏，于是选择"草"作为意象，给我们的启示就是：在选择词时要考虑目标语言的文化背景。如译成 You should eat the grass in the neighborhood. 这样的句子英语国家的人就无法理解。

技巧总结：

1. 词义要注意感情色彩；

2. 句子要看意思中心；

3. 语气要看文章体裁；

4. 译文要看原文。

（四）词类转化

1. 形容词和副词的美化

形容词和副词作为修饰词，在中英文中都比较活跃，且这两种词类属于同源词，在翻译时，措辞的把握对文本产生的效果和主题的表达所起的作用也就不言而喻。

例：In such a changing, complex society, formerly simple solutions to **informational needs** become complicated.

译：在这样一个不断变化的复杂社会中，从前人们**获取信息**的简单方法也变得复杂起来。

评析：informational needs 译为"获取信息"，将抽象名词做具体化处理。其中，将形容词 informational 转化成了具体的动作来翻译，不但表意明确，逻辑严密，且颇具文采。而"获取信息"这一美化后的词义就是在其基本词义上延伸之后的含义。

2. 抽象名词的美化（名词转换为动词）

在翻译时，我们会将一般的名词直接翻译成原来的意思。但大家在翻译时可能会发现，很多抽象名词如果直译为名词本身的意思就会造成句意不通顺，甚至产生歧义。那么这时该如何处理？下面通过例子来总结出名词美化的方法。

例：the spirit of our nation

误：我们民族的精神

正：我们民族所具有的精神

评析：一般我们把 the+名词+of 的这种结构称为抽象名词构成的固定结构。也就是说，在 the 与介词 of 间的名词称为抽象名词。抽象名词翻译时，有两种办法：

（1）此词有动词词根时，译为动词；

（2）此词无动词词根时，就增词。上例就是采用了增词的方法。

第二节　句子的美化

（一）语法连接词翻译时的取舍

翻译时，部分表语法连接关系的词可以不翻译，但是译文必须能表达句子之间的逻辑关系。

例如：I may be wrong and you may be right, and by an effort, we may be near to the truth.

美化前：也许我是错的，而你是对的。并且通过努力，我们也许会更加接近真理。

美化后：也许我是错的，你是对的。我们做出努力，就会更加接近真理。

评析：此句有两个 and，第一个表对比转折，第二个表递进。那么在翻译时我们要求将其中的语法关系表达清楚，不一定非要将这些语法连接词全部对应着翻译出来。在翻译 by an effort 时，要找到句子的逻辑主语，是谁做出努力。倘若直接翻译为通过努力，没有施动者，就会显得突兀。

（二）英译汉中语态的转化

汉语中被动语态用得较少，由于汉语中被动的使用会带有一定不幸或不愉快内容，所以作者在写作时会避免使用被动语态。而在英语中，被动语态能够较好地突出作者想要强调的内容，所以该语态使用较多。

被动语态尤其在科技英语中常见。科学工作者认为，科技文章写作要客观地对待事物，避免主观臆断，因此要避免使用第一，第二人称，应广泛使用第三人称来叙述科技道理。这类句子如果不需要提出施动者时，就将被动转化为主动。

在英译汉时，我们要特别注意被动语态的翻译方法。

1. 将英文中的被动语态转化为中文中的主动语态

例：The dormitory was cleaned by my roommates.

室友们把寝室打扫了。

评析：这句话有发出动作的宾语，翻译成中文时原本想强调的成分可能会被减弱。本句英文本来想要强调的是教室被打扫了，而译成中文后，原本英文的宾语就变成了主语，强调的重点就成了"室友们"。一般来说，这种译法在有些情况下不适合采用，但是直接译成被动不太符合中文逻辑。请看这个例子：

例：The criminal was punished by us.

犯罪分子受到了惩罚。

2. 将原文的"被"用"受到"等词代替

例：When reports came into London Zoo that a wild puma had been spotted forty-five miles south of London, they were not taken seriously.

当伦敦动物园接到报告说，在伦敦以南 45 英里处发现一只美洲狮时，这些报告并没有受到重视。

评析：该句中 reports came into London Zoo 译为"动物园接到报告"。若译为"报告来到动物园"就存在一定的逻辑错误，报告当然不能自己做出到伦敦动物园的这个动作。译为"动物园接到报告"，不仅通顺达意，而且符合常理，具有可读性。

（三）汉译英中的修辞变化

在汉译英时，可以根据具体情景、感情变化，为译文添加准确的修辞手法，比如押韵、对偶、比喻、明喻、暗喻、拟人，等等。我国著名翻译学家许渊冲先生在翻译古诗词中可以见到许多此类的例子。在这里，简单地举几个例子。

1. 千山鸟飞绝，万径人踪灭。

From hill to hill no bird in flight; From path to path no man in sight.

2. 中华人民多奇志，不爱红装爱武装。

Chinese people prefer to face the powder rather than powder the face.

赏析：从以上例句中可以看到，译者将"红装"译为 powder the face（涂脂抹粉），"武装"译为 face the powder（面对硝烟）。这种译法刚好把"红"与"武"作为对照，以及"装"的重复，都完美地表现了意、音、形的标准。

3. 这场辩论是一场智慧和语言的交锋。

美化前：This debate is a confrontation between wisdom and language.

美化后：This debate is a war of wits and words.

评析：这里可以巧用英文单词的特殊性，将"智慧"和"语言"翻译为 wits 和 words。a war of wits and words 简洁又准确地翻译出了"一场智慧和语言的交锋"这一短语的意思和雄辩时的语境。将"交锋"译为 a war of 而不是 confrontation 更加体现出语言与智慧相遇时的激烈之感。

(四) 英语的形合结构和汉语的意合结构

汉语中，通常借助语言形式手段（包括词汇手段和形态手段）来实现词语或句子的连接，而英语中，往往不借助语言形式手段而借助词语或句子所含意义的逻辑联系来实现词语或句子的连接，因此连词和介词在形合结构中的使用频率要远远高于意合结构。

英译汉时，往往将介词词性转换为动词，有时根据具体的情景也有将介词省略的情况。

例：With determination, with luck, and with the help from lots of good people, I was able to rise from the ashes.

译文：凭着我的决心，我的运气，还有许多善良的人的帮助，我终于获得了新生。

评析：英译汉时，该句中的介词 with 可以转化为动词，这样更加符合目标语言的用言习惯。

(五) 英汉互译

许多研究表明，英语的语法结构中多注重主语，而汉语的语法结构中多注重主题。这是两国文化习惯所造成的差异，这就要求译者必须掌握两国语言基本的表达习惯，在互译时要注意相互转化。英语的主谓结构和汉语的话题评论结构是两种语言的明显差别之一。英语的主谓结构我们都不陌生，那么什么是汉语的话题评论结构呢？汉语的话题评论结构可以理解为句首作为话题，而随后的句子成分充当评论的一种句型。简单来说就是，中文先说事实，后说评论。而英文是先说评论，后说事实。那么，在进行翻译时，我们也要遵循这一语言中的潜规则。

例：She had such a kindly, smiling, tender, gentle, generous heart of her own.

译文：她心底厚道、为人乐观、性情温柔、待人和蔼、气量又大。

评析：该句的意思简单易懂。就其结构来看，句子主谓结构分明，但是在翻译时怎样把它转化为汉语的话题评论结构呢？这里可以将 heart 进行拆分,一部分一部分来译。

在汉译英的过程中,话题评论结构转化为主谓结构也可采用同样的做法。

例如:我们要努力学习,这是很重要的。

译文:It is very important for us to study hard.

上例中的我们要努力学习,是事实。"这是很重要的"是评论。译为英语时就变成了先评论后事实的顺序。

第三节　篇章的美化

一篇文章是由单词、句子、段落所构成的。前面已提过对其构成因素的美化方法,那么在对篇章的美化上我们如何操作呢？接下来我们将以不同的文章类型来进行不同风格的美化,以此达到符合源语言和目标语言的表达习惯。

(一)散文

散文,在汉语中是指以文字为创作、审美对象的文学艺术体裁,是文学中的一种体裁形式。

散文所具有的特点是:

1. 形散神聚。这里的"形散"既指题材广泛、写法多样,又指结构自由、不拘一格;"神聚"既指中心集中,又指有贯穿全文的线索。散文写人写事都只是表面现象,从根本上说写的是情感体验。情感体验就是"不散的神",而人与事则是"散"的可有可无、可多可少的"形"。

2. 意境深邃。注重表现作者的生活感受,抒情性强,情感真挚。

3. 语言优美。所谓优美,是指散文的语言清新美丽、生动活泼,富于音乐感,行文如涓涓流水,叮咚有声,如娓娓而谈,情真意切。

因此,在对散文体式翻译美化的过程中,我们要更加注重对情感的修饰。接下来请看一个片段。

暮色中,河湾里落满云霞,与天际的颜色混合一起,分不清哪是流云哪是水湾。

① 也就在这一幅绚烂的图画旁边,在河湾之畔,一群羊正在低头觅食。② 它们几乎没有一个顾得上抬起头来,看一眼这美丽的黄昏。也许它们要抓紧时间,在即将回家的最后一刻再次咀嚼。③ 这是黄河滩上的一幕。牧羊人不见了,他不知在何处歇息。只有这些美丽的生灵自由自在地享受着这个黄昏。④ 这儿水草肥美,让它们长得肥滚滚的,像些胖娃娃。⑤ 如果走近了,会发现它们那可爱的神情,洁白的牙齿,那丰富而单纯的表情。

下面将选取其中① 句为例来讲解译文美化。

① 也就在这一幅绚烂的图画旁边,在河湾之畔,一群羊正在低头觅食。

译文 1:Beside this beautiful picture, a group of sheep are lowering their heads and eating grass by the river bank.

译文 2:Just beside this colorful scenery, a herd of sheep are grazing by the river.

首先,我们要知道这一段体裁为散文,那么"形散"便是其结构上的特点,本处吃草肯定是要低头的,所以用 graze 来进行表达就足以表明原文的意境,因此翻译时要注意结构上的主次之分,在中文复杂的结构之上进行翻译时,也要注意用词的平实、语法的正确、结构的简明。在翻译时也要追求美感、文字优美,译文也要尽量做到优美。

(二)演说

演说这种题材往往具有宣传成分。它是运用各种符号传播带有一定目的的观点,以影响人们的态度、引导人们的行为,一定程度上左右人们的选择,这是一种社会性传播活动。一般来说,演说分为政治演说和商业演说,译者需要在译文校对过程中检查出现的煽动性词语是否把握了其气氛和演说重点。

丘吉尔不仅是一位伟大的总统、政治家、作家,也是一位出色的演说家。

在这里我们选取一段丘吉尔在"二战"时期发表的一篇演讲来进行赏析。

... I have nothing to offer but blood, toil, tears, and sweat. We have before us an ordeal of most grievous kind. We have before us many, many months of struggle and suffering.

You ask, what is our policy? I say it is to wage war by land, sea and air. War with all our might and with all the strength God has given us, and to wage war against a monstrous tyranny never surpassed in the dark and lamentable catalogue of human crime.

You ask, what is our aim? I can answer in one word, it is victory. Victory at all costs-victory in spite of all terrors-victory, however long and hard the road may be, for without victory there is no survival.

Let that be realized. No survival for the British Empire, no survival for all that the British Empire has stood for, no survival for the urge, the impulse of the ages, that mankind shall move forward toward his goal.

赏析：首先，这篇演讲的背景是第二次世界大战。当时的法国逐渐沦陷，丘吉尔临危授命拯救英国即将陷入的全面战争时期。丘吉尔的一篇演讲不仅鼓舞了人心，也增加了战斗到底的士气。这篇演讲中，丘吉尔运用了大量的排比句来增加士气。因此，我们在译文的美化中不仅要在格式上对等，也要着重突出这种振奋人心的气氛。

我们来看第一句。

I have nothing to offer but blood, toil, tears, and sweat.

译文 1：我没有什么可以奉献的，有的只是鲜血、勤劳、泪水与汗水。

译文 2：除了辛劳苦干、汗流大干、流泪默干、流血奋战，我别无所能。

评析：译文 1，按照原文直译，从演讲的角度来讲，平淡无力，没有什么振奋人心的力量。第一句中的，奉献勤劳、泪水与汗水等搭配就有问题了，而译文 2 就使听众眼前一亮了，译为：除了辛劳苦干、汗流大干、流泪默干、流血奋战，我别无所能。满足了演讲时着重突出这种振奋人心的气氛，先把困难层层摆出，最后提出我们有的是什么，产生了一种激励人的特殊魅力，使得全国人民同仇敌忾，译文美化后不仅在格式上对等，而且具有艺术感和极强的感染力。

除了上述几个类型的文章外，其他不同类型的文章，如新闻题材、议论文等，也需要译员找出文章特点，结合文章内容对译文进行美化，最后使其达到最佳的效果。

第四节　译后文本格式的修改

在翻译过程中,在文本中保留了一些翻译时的标记,就是文本中和译文相连的紫色分隔符。如下图;只要这些"双重"文字标记存在,译者就可以随时打开并修改译文,并保存译文。

但是,当所有译文修改都完成,要交付翻译稿件时,客户并不要这些有标记的译文,需要保留的只是译文,或是中英文对照的,或是在表格内容易检查核对的译文。

此时,为了去掉那些隐藏文字和标记就需要"清理"该文档。

{0>药品质量保证协议书<}77{>Pharmaceutical Quality Assurance Agreement<0}

{0>甲方:<}100{>Party A: <0}
{0>乙方:<}100{>Party B:<0}
{0>为确保经营药品的质量,为用户提供安全有效的药品,树立企业的良好形象,依据《药品管理法》和《药品经营质量管理规范》《药品流通监督管理办法》等法律法规和有关规定,双方签定本协议。<}0{>For the purpose of ensure the pharmaceutical quality, provide safety and effective pharmaceuticals to users, establish a good corporate image, This Agreement was made and entered into by and between parties in accordance with Pharmaceutical Administration Law of the People's Republic of China, Standards for Quality Control of Pharmaceutical Trading, Supervision and Administration Regulation on Drug

需要注意的是,涉及原文中有法律或是中文书名号的文本,英文部分要变为斜体,上图和下图已标记这一部分。

为确保经营药品的质量，为用户提供安全有效的药品，树立企业的良好形象，依据《药品管理法》和《药品经营质量管理规范》《药品流通监督管理办法》等法律法规和有关规定，双方签定本协议。

For the purpose of ensuring the pharmaceutical quality, providing safety and effective pharmaceuticals to users, establishing a good corporate image, This Agreement was made and entered into by and between parties in accordance with *Pharmaceutical Administration Law of the People's Republic of China, Standards for Quality Control of Pharmaceutical Trading, Supervision and Administration Regulation on Drug Circulation and relevant provisions.*

这里提供给大家一个清理已翻译的文档的简单的方法：运行 office 中提供的宏，具体步骤见下：

第一步：在 Word 的"工具"菜单，选择"宏"。

第二步：单击"宏"，会弹出对话框提示下一步操作。

第三步：输入宏名"tw4winClean.Main，"单击"运行"。

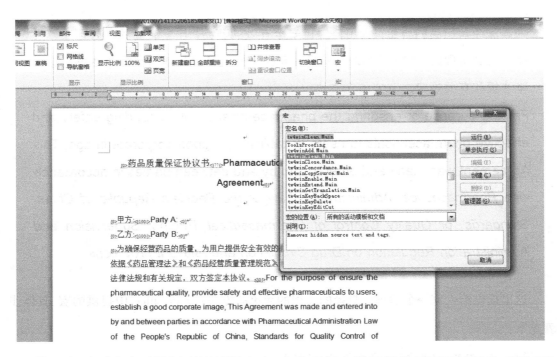

第四步：这时会自动跳回到刚刚译文中，会发现原文以及其他标记已被清除，"清理"（clean）以后就变成这样的净文本文件。

第五步：接下来就要将以上英文转化为表格保存语料。

打开"译文"文件，按住"Ctrl+A"全选文本→单击顶栏的"插入"→"表格"→文本转化为表格。选择表格下滑菜单，单击"将文字转换为表格"，选择"段落标记"，列数调整为2，单击"确定"。

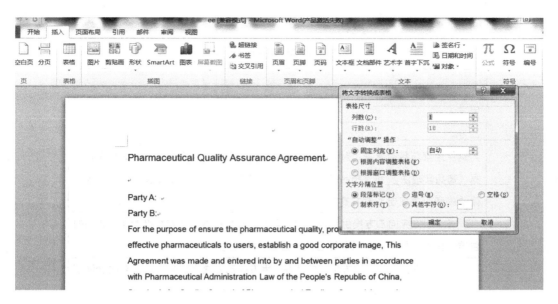

此时就得到英文文本表格，单击"保存"，下一步操作要使用。

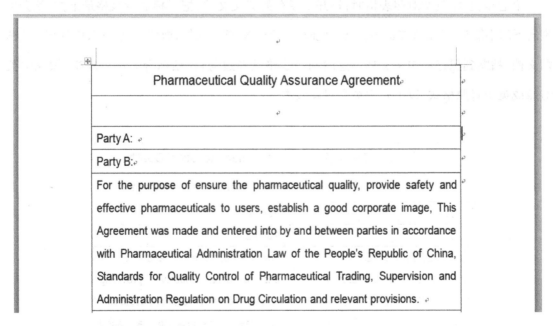

第六步：再按上一步骤将中文语料转化为表格保存。

药品质量保证协议书
甲方:
乙方:
为确保经营药品的质量，为用户提供安全有效的药品，树立企业的良好形象，依据《药品管理法》和《药品经营质量管理规范》《药品流通监督管理办法》等法律法规和有关规定，双方签定本协议。
一、甲方应向乙方提供符合标准的药品，质量标准以国家标准为准。药品的包装、标识、标签、说明书等应符合国家有关规定。
二、乙方首次购入甲方生产的药品，甲方向乙方提供加盖企业公章的合法证

第七步：合中英文对照表格时，打开刚保存的英文文档；把鼠标放置表格最上方，就会出现向下的小箭头，单击就能选中表格。此时用"Ctrl+X"剪切文档，剪切左侧文档；用"Ctrl+V"粘贴文档，粘贴到保存的中文文档。这时两个表格就经过剪切，粘贴合为一个表格，做成中英对照或英中对照格式，以下是中英文对译版本。

药品质量保证协议书	Pharmaceutical Quality Assurance Agreement
甲方:	Party A:
乙方:	Party B:
为确保经营药品的质量，为用户提供安全有效的药品，树立企业的良好形象，依据《药品管理法》和《药品经营质量管理规范》《药品流通监督管理办法》等法律法规和有关规定，双方签定本协议。	For the purpose of ensuring the pharmaceutical quality, providing safety and effective pharmaceuticals to users, establishing a good corporate image, This Agreement was made and entered into by and between parties in accordance with Pharmaceutical Administration Law of

第八步：在此界面下单击"布局"→"转化为文本"，选择"段落标记"。

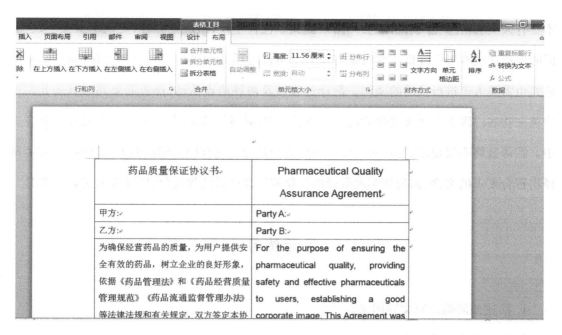

第九步：这时就变为客户需要的中英文文档对照版本；至此排版完成。

药品质量保证协议书

Pharmaceutical Quality Assurance Agreement

甲方：

Party A:

乙方：

Party B:

为确保经营药品的质量，为用户提供安全有效的药品，树立企业的良好形象，依据《药品管理法》和《药品经营质量管理规范》《药品流通监督管理办法》等法律法规和有关规定，双方签定本协议。

For the purpose of ensuring the pharmaceutical quality,

providing safety and effective pharmaceuticals to users, establishing a good corporate image, This Agreement was made and entered into by and between parties in accordance with *Pharmaceutical Administration Law of the People's Republic of China, Standards for Quality Control of Pharmaceutical Trading, Supervision and Administration Regulation on Drug Circulation and relevant provisions.*

一、甲方应向乙方提供符合标准的药品，质量标准以国家标准为准。药品的包装、标识、标签、说明书等应符合国家有关规定。

I. Party A shall provide Party B pharmaceuticals up to national quality standards. The packaging, marks, labels and specifications of pharmaceuticals shall be conformity with the

结　语

译文美化就是弥补机器翻译的不足之处的一个最佳手段，机器翻译不及人工翻译，机器不具有人类的情感、意识,所以翻译出来的文章往往生硬,缺乏逻辑性,更谈不上文字优美,同时也造成文本可读性低。此时就需要人工翻译对译文做最后的润色和美化,同时细小的格式也需要人工进行最后的微调。翻译过程涉及两种语言活动,译者需要同时具备扎实的中英文功底。因为在译文美化的这一关键步骤中,对母语的掌握与运用程度,就体现在译文中。翻译最终不仅要求达意,而且要求用词恰如其分。只有按照标准的方法和流程,才能翻译出符合要求的文件,而最终实现翻译的美化和译文格式的规范化,使译文满足客户需求。

课后练习

1. 简述如何确定原文的词义。

2. 简述形合以及意合。

3. 如何清理 Trados 2007 翻译后的译文标记。

4. 简述演讲类文体翻译的注意事项。

5. 如何对译文进行美化?

第十一章

翻译规范化和译文审校

古人云:无规矩不成方圆。各行各业都已经设立了本行业通用的行为规范和准则,意在建立正常、规范的秩序,使复杂的工作更系统、更规范、更简单,翻译行业同样也需要建立一套规范化的体系。翻译活动不仅是语言活动的转换,也是人类的经济、技术活动、社会活动的展现,这一过程是由不同的个体完成的,因此翻译质量和效果也各异。要得到一篇质量较高的译文,除了翻译前要做诸多的准备工作,对相关背景知识和文化知识的了解和深入理解,以及翻译过程中对相关翻译技巧的熟练掌握和运用外,还需要注意译后编辑所要遵循的原则,以及熟练地掌握和运用相关的翻译质量检测工具,并熟知译文的校对方式与校对流程。

因此,从长远来看,建立翻译行业的规范与和相应的标准势在必行,目的是使这一活动井井有条,更加规范。译者们遵循共同的标准和规范,才能把复杂的翻译工作系统化、简单化。翻译的好坏有两个衡量尺度,一个是译文质量标准化,一个是服务规范标准化。

本章将主要从以上方面进行讲述,以确保学习者对如何保证译文标准与质量有一定的了解。

第一节　译文标准化

纵观古今海量译作,翻译作品质量良莠不齐,译海之中虽有很多闪光的金子,但劣译、滥译、错译的文章仍旧比比皆是。为了应对翻译行业的这一情况,遏制传递错误信息的势头,减少质量低下的译文数量,就必须提高翻译工作者的中英文水平,建立译者对译文的标准的正确认识。

翻译必须有一个统一的标准,便于我们衡量译文的优劣,翻译追求是传达信息的接近性与实效性,而对这一标准的衡量,就要看原文作者的表达中心在译文中是否表达到位,很多翻译家将翻译标准总结为四个字:忠实、通顺。所谓"忠实",是指在译文中尽可能贴切地传达原文作者想要表达的信息,包括在译文中再现这种信息的政治、经济、文化、哲理、感情内涵,既不是随意自由发挥,也不是一味追求形式上的对应;所谓"通顺",就是译文必须要合乎语言规范、通俗易懂, 就是把英文篇章表达的意思用中文语法正确转换,使语言通顺,达到中文读者能读懂的要求。

其实,古今中外的翻译理论家提出了许多翻译理论,国内外关于翻译标准也有很多观点,著名的有严复的"信、达、雅",张培基的"忠实通顺"和英国纽马克的"语义型翻译"和美国奈达的"动态对等"等。这些理论没有对错之分,只是侧重点不同。下面就将常见的翻译标准汇总一下,以供大家作为译文参考的标准。这些翻译理论相互补充、相互影响,并且在今后的翻译中不断地完善。截至目前,还尚未有一种翻译理论,能适用于一切不同题材、不同体裁、不同功能用途的翻译。

1. 国内学者的翻译理论

严复(1853—1921):"信、达、雅"(faithfulness/expressiveness/elegance)。信:忠实准确,能完整表达原文思想;达:语言通顺,自然地道,易懂;雅:文字优美,注重修辞,译文要有文采。

鲁迅:信、顺(smoothness)。他的见解考虑到两方面,首先是容易理解,其次是保存原作品的内容与风格,使其相统一。

林语堂:忠实、通顺、美(beautifulness)。林语堂的翻译的标准问题大致分为三方面理论:第一,忠实原文的标准,是译者对原文信息还原是否准确的问题;第二是通顺的标准,是译者对中文运用的问题;第三是美的标准,涉及翻译与语言文字艺术的问题。

傅雷：神似(resemblance in spirit/ spiritual conformity)。他的观点以翻译的文本效果而论，译文不在形似，即内容风格形式的统一；而在于神似，重点强调原作精神领域意旨内容的再现。许渊冲的"意美"，也追求神似，这两种理论不谋而合。

许渊冲认为，"意美以感心，一也；音美以感耳，二也；形美以感目，三也。"鲁迅先生在《汉文学史纲要》提出中国文字的三个特征，就是"三美论"的基本体现。许渊冲将关于中国古代诗词的这三美应用于翻译研究当中，认为要先追求意美，再求音美，最后求形美，力求三者相互统一，相辅相成。

钱钟书：化境(sublimed adaptation/reaching the acme of perfection)。钱钟书认为文学翻译的最高境界的象征，就是"化"。他主张，"既不因语文习惯的差异而漏出生硬牵强的痕迹，又能完全保留原有的风味，那就算化境。"也就是说，把作品从源语言转变为目标语言时，语言习惯的差异不会造成译文生硬拗口，牵强晦涩难懂，同时能完全保留原文的风格，这就算得上"化境"。

张培基在《英汉翻译教程》中提出"忠实通顺"的翻译标准，他认为"忠实"即忠实于原文的内容，保持原作的风格，"通顺"即译文语言必须通顺易懂、自然地道，符合语言表达规范。这对于初学翻译的人来说，是比较实用的翻译标准。

2. 国外学者的翻译理论

我们耳熟能详的国外著名翻译家有尤金·奈达(Eugene A. Nida)、亚历山大·弗雷泽·泰特勒(Alexander Fraser Tytler)等。

（1）奈达的功能对等理论(Functional equivalence)

奈达曾说："Translation consists in reproducing in the receptor language the closest natural equivalent of the source-language message, first in terms of meaning and secondly in terms of style."他认为所谓翻译，是指在译语中用最贴近而自然的对等语再现源语言的信息，一是在语义上，二是在文体上。

（2）泰特勒的翻译三原则

① A translation should give a complete transcript of the ideas of the original work. (翻译应该完全展现原文的思想意旨)；

② The style and manner of writing should be of the same character as that of the original. (译文应该具有与原作一致的类型和写作方法)；

③ A translation should have all the ease of the original composition.（译文应该和原文一样晓畅明了）。

他认为译文必须展现原文的全部意思，不但要与原文风格相同、文体相同，还要和原文同样通顺、自然、流畅。

不论是国内还是国外的翻译标准，都是翻译的最理想的标准。对于翻译初学者来说，翻译时主要遵循下面这三点标准即可：

①忠实：译文忠实于原文，原作者的观点内容准确、完整地表达，尽量与原文风格统一。

②通顺：语言清晰明白，符合语法、逻辑、语言规范；句段意思做到衔接与连贯，善用修辞。

③速度：符合了以上两个标准，还要尽量加快翻译速度，但还要保证质量。

想做好翻译必须要持之以恒，多练习，将理论与实践相结合，慢慢体会。翻译量越大，就逐渐能够在各个标准之间找到一个平衡点，形成自己的翻译风格。再难也要坚持，虽不能至善至美，但还是要努力靠近最高的翻译标准。

第二节　翻译服务标准

（一）翻译服务标准与规范

1. 翻译服务标准概述

从以上翻译家们提出的译文的标准中，我们不难发现，国内外学者对于翻译标准的研究大多是站在传统的翻译理论和翻译文本的角度上，主要就文学文本的语义和字词正确与否，符合原作与否提出相关论点。并且由上节译文标准我们可以看出一个共性，译者们一直以来都将"信、达、雅"或"忠实与通顺"的原则作为译文的最高标准，理论仅仅局限于译文标准，对于翻译标准的研究也主要基于译文质量和个人翻译经验，主观性太强，对翻译理论的标准说法各有不同。

而国内针对翻译服务标准与规范研究的文章却寥寥无几，几乎未涉及翻译服务规范性相关的内容,当然也未能对翻译过程的文本规范、服务规范,翻译中出现的错误做出统一规定。很少有翻译家从翻译市场的规范性,客户需求视角或将翻译视为服务业的角度去思考和研究翻译标准。若是只遵循译文标准,无论是从理论上还是现实的客户需求上来说都很难符合当今时代语言服务行业的现实需要。

2. 翻译服务"标准"与"规范"探讨

翻译服务标准着眼于服务行业,更加宏观,意在通过服务标准来规范翻译活动,控制和提高翻译质量。从产业经营角度来看,"翻译服务"是提供语言转换服务的有偿的经营行为(中国翻译协会,2003)。"翻译服务标准"是指在向客户提供语言转换服务过程中,以客户或翻译项目请求方的需求为准绳的质量评判,是翻译服务项目中衡量翻译质量的基本原则和标准(吕乐、闫粟丽,2014:64)。对翻译服务标准的阐述,国内学者各持己见,有"标准""规范",还有"准则""模型"等说法,这些都包括在翻译服务标准的范畴里面。"规范"与"标准"在正式文件中使用频率较高。《现代汉语词典》中,对"标准"的解释是:(1)衡量事物的准则;(2)本身合于准则,可供同类事物比较核对的事物。将"规范"定义为:(1)约定俗成或明文规定的标准;(2)合乎规范;(3)使……合乎规范。

我国的正式文件《国家标准 GB/T 20000.1—2002》将"标准"定义为:"为了在一定的范围内获得最佳秩序,经协商一致制定并由公认机构批准,共同使用和重复使用的一种规范性文件"。"规范"的定义是"规定产品、过程或服务需要满足的要求的文件"。由此概念可见,标准和规范的定义区别不大,所以下文将使用"标准"一词进行阐述。

(二)翻译服务标准的建立

1. 依据客户对文本的要求建立翻译服务标准

翻译质量不仅包括译文质量的要求,还有双方对文本的要求。翻译的质量要求非常具有个性化,因为客户需求不同、翻译题材各异、功能用途不同、受众对翻译文本的质量要求也可能完全不同,那么如何达到二者的需求统一呢?这就需要客户和翻译服务供应方在翻译项目之前进行良好的沟通,包括前期项目商议、协议的签订、双方出价和要价、了解客户相关信息和项目的确定等。

美国材料与试验协会(American Society for Testing and Materials,以下简称 ASTM)在

2006年公布了《翻译质量保证标准指南》(ASTMF 2575—06)(ASTM, 2006)。美国的ASTMF 2575提出:"翻译质量不是指任何一个原文只有一个正确的、高质量的译文,质量指的是译作满足了供需双方所达成的规范的程度。"所以它要求"每一个翻译项目中,买方与翻译服务方应该预先对将要执行的项目制定一套规范,并达成协议"。衡量翻译服务是否符合客户要求的标准就是看译文在多少程度上符合提前确立的协议,这个协议是通过翻译服务方向客户的提问与回答制定的。

　　翻译服务方必须帮助客户确立需求,客户可能会问及很多问题:如原文文本材料的特征、目标文本的具体规范、项目的具体进行过程、项目的行政管理等。下面是翻译公司发给译员的模板要求。

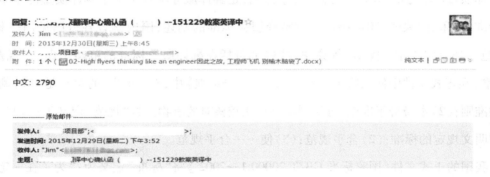

翻译要求	A. 译文文件名和原文一致,加上"译员姓名+译文"字样; B. 返稿邮件主题注明"译员姓名+译文"字样; C. 参考文献目录不用翻译; D. 没有把握的译文请标红; E. 注意语言的流畅和术语的准确性; F. 要求:
中间交稿时间	
最终交稿时间	2015年12月30日8点前交付全部稿件,发送到邮箱　　　　　　　-ld.com。 第一联系电话:　　　　　联系人: 杨女士 备用联系电话:　　　　　联系人: 王先生
字数统计	按照原文"中文字符和朝鲜语字符数"计算
支付方式	译员提供工商银行帐号或其他附有详细开户行名称的银行账号,每月翻译费在项目结束日之后的次月20日支付。遇节假日顺延至下一个工作日。

译员翻译要求	1．如果原文内容有明显的打字错误、逻辑错误、编排错误等，译员应做出相应标记，并按照译员的理解进行适当的文字处理，做好红色标注，以便终审核查；
	2．对把握不准的译法也应做出标记，以便译员自校和终审时进行审查；
	3．对原文不清楚的地方，可不译，但须标注"此处不清楚"等红色字样；
	4．专有名词（如地点、人名、公司名称、组织名称、品牌名称等）在英翻中过程中，如果有通用译法（如Microsoft—微软），则必须采用通用译法；如地点、人名、公司名称、品牌名称等没有统一的翻译，则可直接采用英文。在中翻英过程中，如果确认没有通用译法，须直接采用拼音；
	5．专业名词须选择最为通用的表述，并保证其在整篇文章前后使用的一致性；
	6．句子翻译的首要要确保忠实原文，行文通畅。为了符合目的语语言习惯，可改变句子的结构，但不可改变原文的意思。
译员自检要求	译员交稿前，须进行至少一次检查，最大限度地避免出现内容事实错误，防止漏译，拼写错误，数字、标点、符号或计量单位错误以及语法错误）；专有名词（指地点、人名、公司名称、组织名称、品牌名称等）译文须前后一致；日期的表述方法须前后一致。

译员自检要求	译员交稿前，须进行至少一次检查，最大限度地避免出现内容事实错误，防止漏译，拼写错误，数字，标点、符号或计量单位错误以及语法错误）；专有名词（指地点、人名、公司名称、组织名称、品牌名称等）译文须前后一致；日期的表述方法须前后一致。
译员交稿要求	译员须按时保质交付稿件，如果因事无法按时完成，须在第一时间通知本公司相关联系人，否则按下列情况进行处罚： 1．如果译员中途退稿，本公司酌情扣除已完成稿件翻译费的10%~50%；如果严重影响到项目的再次派发，无法保证项目翻译质量，则有权扣除已完成稿件翻译费的50%~100%； 2．如果译员延迟交稿，部分影响稿件审校工作，本公司酌情扣除总翻译费的10%~50%；如果导致该项目无法正常交付客户，本公司酌情扣除总翻译费的50%~100%。
禁止转包事宜	译员不得以任何理由将本公司的稿件转给其他译员翻译，如果其稿件质量与以前合作同类稿件或试译稿件质量差距很大，本公司有权扣除总翻译费的50%~100%，同时本公司须提供抽检部分的相关校对稿。
付款约定	如果本公司在规定的付款日之后尚未付款，每延迟一天，须向译员支付当月总翻译费的1%作为滞纳金。
保密要求	译员对本公司提供的稿件务必严格保密，不得以任何方式泄露给第三方；如经核实系项目参与译员泄露，本公司保留追究其法律责任的权利。

苏能翻译统计单范本 ☆

发件人：**suneng_human**　　　　　　　　@126.com> 　
时　间：2010年11月15日(星期一) 下午2:29
收件人：<　　　　　@163.com>
抄　送：Jim <　　　　　@qq.com>
附　件：1个（ 苏能工作量统计单（译员： ）（时间： ）.xls）

苏能翻译人员专用统计单范本。

============

　　　　　翻译有限公司
中国
Tel: 　　　　　　　　　Fax:
PHS:
MP

　　　　　　　　　　　翻译有限公司
中国　　　　　　　　　　　　
Tel:　　　　　　　　　　Fax:　　　　　　
PHS:　　　
MP:　　　
E-Mail: 　　　　　　　　　　　　　　　net
Http: www　　　　translation.com

保密要求：此邮件及其附件中包含的任何资料、信息（包括但不限于合同信息、软件信息、产品信息、图纸、规格、生产信息、设备信息、营业情况、技术信息、联系信息等）为机密信息，不得用于与我们委托事项无关的其他目的，未经苏州苏能翻译公司书面同意，不得擅自复制、传播全部或部分内容。若您错收到我们的邮件，请立即通知发件人，并立即彻底删除此邮件，谢谢！

　　初步探讨完这些问题后，双方就可以大致制订出对某个翻译项目的具体协议。判断翻译质量依据"译文在多大程度上符合双方共同约定的具体要求"（Chester man，2006：86）来衡量，因为不同的人对翻译质量的个人意见不一，要避开翻译标准这个问题就必须建立双方都同意的标准。

　　翻译质量的优劣是决定翻译成败的关键所在，也是对项目服务对象的一种责任。现如今，中国市场上也有很多服务机构进行项目翻译，但是质量参差不齐，这个时候就需要加以规范。所以国内外都提出了翻译质量保证的很多模式，能够最大限度地帮助译者规正错误，提高翻译服务质量，同时也增进国际间的合作与发展。

2. 国内主要翻译服务标准

　　我国最早颁布的是《翻译服务译文质量要求》。作为翻译服务的国家标准，填补了当时国家法律对这一部分的空白。它从宏观和微观两个角度确定了翻译质量衡量标准，这本书中要求译文应做到三个基本要求：（1）忠实于原文；（2）术语统一；（3）行文通顺。此外，对于译文中数字表达、专业术语、标点符号、缩写词、译文编排、新词以及特殊文体等方面也提出了要求，以此来体现其可操作性。接下来我国翻译的服务标准还有《翻译服务规范》，均为国家质量监督检验检疫总局发布。我国的《翻译服务规范》对整个翻译服务当中涉及的每一步都提出了具体要求，翻译服务过程包括翻译服务方与客户商谈、译前准备及翻译流程（翻译、核稿、改稿、定稿、校对、确认）等。

　　（1）译前准备

　　审阅原件；

　　备齐要用的工具书，熟悉所译资料涉及的专业术语；

　　审阅已掌握的术语；

　　审阅顾客提供的相关术语；

审阅并整合顾客提供的翻译资料；

在互联网或数据库进一步查询生词和专业术语；

询问翻译服务方与顾客,解决专业内容和相关专业术语的问题。

（2）对译稿的要求

译稿内容完整,术语基本准确。

原件的脚注、附件、表格、清单、报表和图表以及相应的文字都应翻译并完整地传达在译文中。

不得跳译、误译、漏译,个别部分的翻译准确度如把握不大应加以注明。顾客特别约定的除外。

词汇要统一,专有词汇应前后统一。

对没有约定俗成译法的词汇,与顾客讨论商榷后进行翻译并将其明确标示出来。

由此可知,对译稿的要求在于译文完整性和后期可操作性,不仅需要深厚的翻译功底还有译者专业负责的态度。在《GBT 19363.1—2008 翻译服务规范》笔译部分中提到,翻译人员需要有被认可的外语水平证书或与之相当的证书,特别是专业方面的证书;普通及专业的工作经验;专业能力。

（3）译后编辑原则

翻译质量保证的重要部分便是译后编辑的原则。因此,TAUS（Translation Automaton User Society）提出译后编辑阶段应遵循如下原则:

译后编辑的目标是提供语法正确、句法结构精确、语义准确的译文。

检查关键术语翻译的准确性,避免译文中出现客户规定不能出现的词。

检查是否存在信息添加或遗漏。

检查是否出现攻击性内容、不恰当内容或者在文化上不可接受的内容。

检查是否存在拼写错误、标点符号错误、检查连字符是否使用恰当。

检查文档格式是否正确。

根据以上描述的规则,可以看出在译后编辑环节处理的翻译错误不仅是句子本身不符合目标语言的用语规范和习惯,如句法结构错误、拼写错误、标点符号错误等,还包括源语言和目标语言的文化异同上所造成的差错以及内容上是否达到一致的差错。

3. 我国翻译服务标准建立实例

我国《翻译服务译文质量要求》提出了检验译文是否符合要求的具体方法，所制定的这套翻译服务规范有利于使翻译服务方的操作趋于标准化。

下面将以业务磋商为例，详细阐述翻译服务标准的建立。《翻译服务译文质量要求 GB/T 19363》提出，翻译服务方在与客户商谈的过程中需要记录或在协议上签订以下内容：

《翻译服务译文质量要求 GB/T 19363》指的是我国为了规范翻译行业，在 2003 年公布的翻译服务国家标准《翻译服务规范第 1 部分：笔译》（GB/T 19363.1—2003）（标准，2003）。2005 年我国颁布了《翻译服务译文质量要求》（GB/T 19682—2005）（标准，2005），对原有的翻译服务标准进行了修订。现在，我国执行的翻译服务标准是 GB/T 19363.1—2008（标准，2008）。

门店业务需要：顾客姓名、联系方式、译文的功能用途、原文和译文的语种、双方认可的字数计算方法、协议约定的收费价格、译文完成的限制日期、译文的规格尺寸、文本格式、质量要求、翻译费预付多少、原文和参考译文的页数、译文的标识、顾客提供的专业特殊用语等。

业务或大批量业务还需要：翻译语种、服务项目、交稿时限、交件形式、验收条款、质量水平、保密协议条款、计字方法收费 , 分项单价图表的计字方法收费、付款方式、翻译质量纠纷处理措施、违约条款、免责条款、变更方式等。

随着翻译市场迅猛发展，以前很多无须与外语打交道的公司现在也需要语言服务，这也就意味着翻译服务方需要帮助他们选择翻译服务方，解释加工制作翻译产品所涉及的服务程序，服务过程中所涉及的翻译术语，以及翻译过程中实际的操作（例如专业术语的管理、翻译过程、文本编辑与排版、校对文本、质量检测等）。建立了这样一个翻译行业的规范，也叫作标准，翻译服务方就能够向客户说明自己所提供的服务，客户也就能清楚地知道自己获得了怎样的服务，建立一个良好的生产商家与客户的关系。

4. 国外主要翻译服务标准

国外也提供了比较完善和成熟的翻译质量保证模式，如欧洲标准化委员会（European Committee for Standardization）制定了 EN 15038 标准；美国历史最悠久、规模最大的非营利标准学术团队之一美国材料与试验协会（American Society for Testing and Materials）分别制定了

《笔译质量标准指南》(ASTMF 2575—06)和《口译服务标准指南》(ASTMF 2089—01),他们最杰出的贡献便是定义了服务流程和成果,并提供了 QA 框架结构。而欧洲标准是目前大多数欧洲国家语言服务行业执行准则,也是世界首部国际性的、以规范翻译服务提供商业服务质量的准则,为翻译服务质量判定和翻译产品交付提供了可靠的评估方法。除此之外还有基于结构化翻译规范(STS)的国际标准化组织 11669 技术规范以及基于国际标准化组织 11669 技术规范的多维翻译指标(QT Launch Pad MCM)。

中国的这些翻译协议的内容很详细具体,但难以监管从事翻译服务的公司是否认真执行了这些协议的内容,这就某种程度上弱化了该标准的可操作性。而美国材料与试验协会 ASTMF 2575 则提出了更为实用的、具体的建议和操作方法。此标准列出的具体要求简洁明了,清楚易懂。下面以翻译服务方对原文的提问为例,具体阐述:

(1)翻译服务方需从客户处获得的信息:

- 原文的语言(方言还是普通话);

- 原文的主题;

- 原文的格式(电子还是纸质);

- 原文的原创者是谁,创作时间是什么时候;

- 原文用在哪个计算机网络平台加工成的;

- 原文制作加工遵循的模板或形式;

- 已有译文是否参照原文修改而成;

- 是否有电子翻译记忆库或术语库;

- 是否参考其他文献来帮助译员确定行文风格与词的选择。

(2)翻译服务方针对译文对客户提出的问题:

- 翻译文本语言(方言还是普通话);

- 译文目的用于出版,还是用于网络平台;

- 目标受众是医护人员、监理,还是研究课题的人员;

- 直接翻译还是改写;

- 译文是否打算用于出版或有出版要求;

- 成果提交的形式(电子文档、纸质文件,还是 CD);

- 其他特定的专业术语、人名、地名是否保留原文本格式等。

（3）翻译服务方向客户获取项目管理方面的信息：

- 确定项目开始与结束的时间，时间限制是否可以更改；

- 负责此项目的客户联系人是谁，职责是什么；

- 客户联系的方式（邮箱、电话、传真或其他联系方式）；

- 项目原文是否还在修改，文本是否有变动；

- 所译好的文件客户方是否需要核查，谁来复查；

- 是否有必要再译；

- 资金预算是否有限制，预期为多少；

- 在数据保护与保密方面是否有需求；

- 译员是否要为源语言国公民（如翻译政府文件时）；

- 是否需要制作词汇表、翻译记忆库，办理证明等额外的服务。

不论是我国的翻译服务规范（GB/T 19363），还是美国（ASTMF 2575）的这些要求，都需要翻译服务方与客户通过沟通共同来完成，只有双方的合作才可能制定出一个适合双方的项目规范，翻译市场需要极具可操作性的标准。翻译服务双方要明确各自的任务，翻译公司要明确服务需求，双方进行有效沟通是项目成功的前提，项目越复杂，过程中参与的人员就越多，相互沟通就越重要，翻译服务方自觉地遵守这些翻译标准，才能建立一个良好的翻译行业行为规范。

第三节　翻译质量检测工具

当前我们使用的计算机辅助翻译软件，如 SDL Trados Studio 2007 等，都能协助我们进行相关翻译工作、提高效率以及节约成本。在译后编辑的过程中，难免会出现错误，比如目标语言使用错误。此时，翻译质量检测工具便可以协助我们检测到诸如是否一致性等差错。如今较为流行的翻译质量检测工具有 ApSICXbench，SDLX QA check，Trados QA checker，Wordfast，ErrorSpy。

（一）Word 文档里的自带检测工具

Word 文档的应用十分广泛，自带有可检测拼写错误和语法错误与一致性差错的功能，比如有无西文空格、格式是否规范，等等。打开"审阅"，进行"拼写和语法"检查，这是一个方便、快捷的基本检测工具。

（二）ApSICXbench

1. 软件介绍

ApSIC 由 Joan-RomonSanfeliu 与 JosepCondal 1993 年在西班牙巴塞罗那合资成立，是一套完全免费的自动翻译校对软件，其软件内存小且功能强大，提供高效的双语参考学术组织和搜索软件，并且提供的格式支持也最为丰富，尤其适用于本地化翻译质量、一致性检查。要保证翻译质量，除了要掌握 SDL Trados Studio 相关软件辅助翻译操作，ApSICXbench 的基本检测方法也要熟练掌握。

2. 操作流程

第一步：打开 Word 文档，单击"选项"。

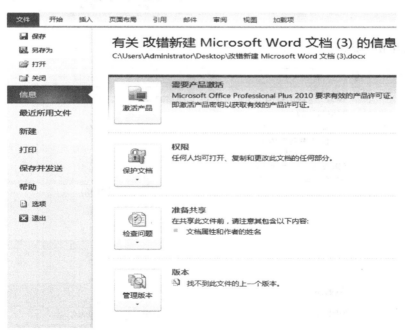

第二步：单击"加载项"。

第三步：单击"管理"，选择"模板"。

第四步：单击"添加"。

第五步：单击 Trados 所在电脑的位置，一般为 C 盘。

📁 Program Files (x86)　　　　　　　　2017/12/4 星期…　　文件夹

第六步：按步骤打开文件夹找到最后的 Trados8.dot。（SDL International→T2007→TT→Templates→TRADOS8.dot）

第七步：出现此页面，然后单击"确定"。

第八步：这时页面会出现安全警告，单击"启用内容"。

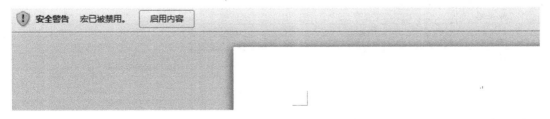

第九步：单击工具栏"加载项"。

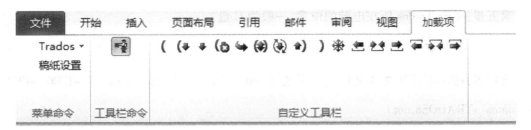

第十步：打开 X-bench，单击"质保"。

第十一步：单击"项目→新建"。

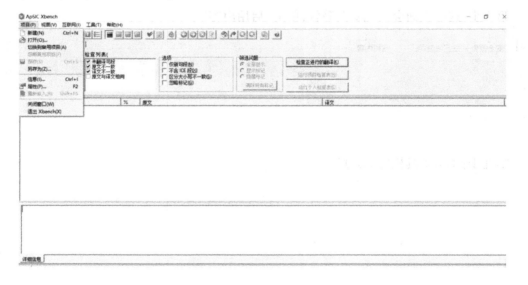

第十二步：选择 Trados Word File，单击"下一步"。

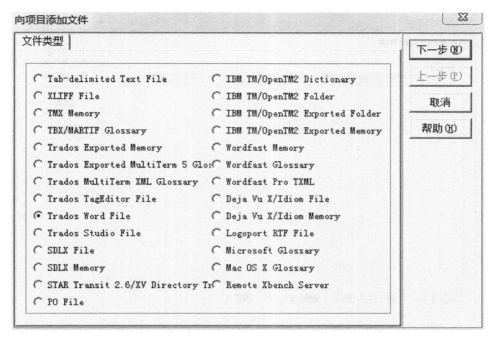

第十三步：单击"添加"。

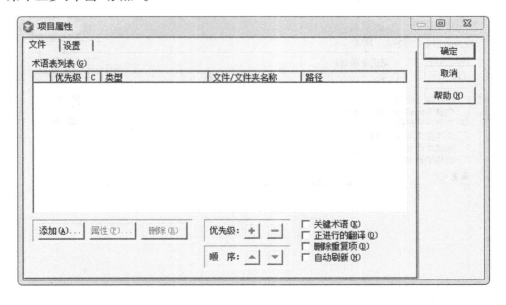

第十四步:添加在 Word 进行过编辑的文档。

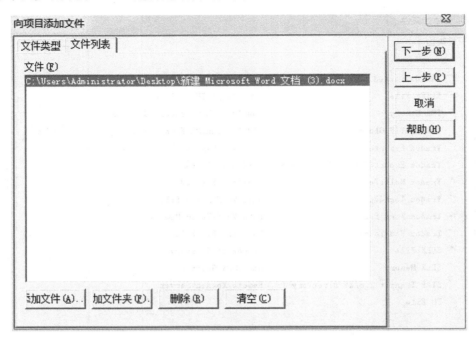

第十五步:选择正进行的翻译,单击"确定"。

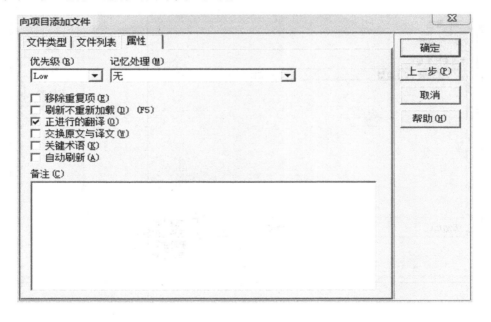

第十六步：单击"确定"。

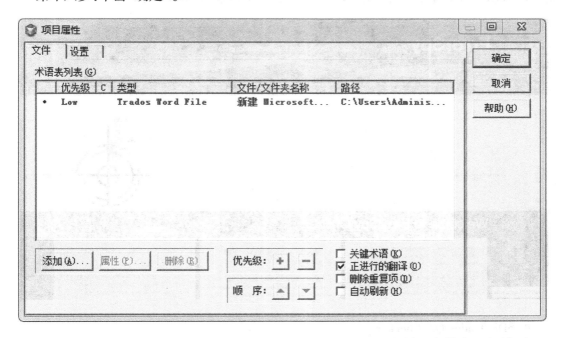

第十七步：然后在质保的页面单击"检查正进行的翻译"，就会纠正当前出现的错误。

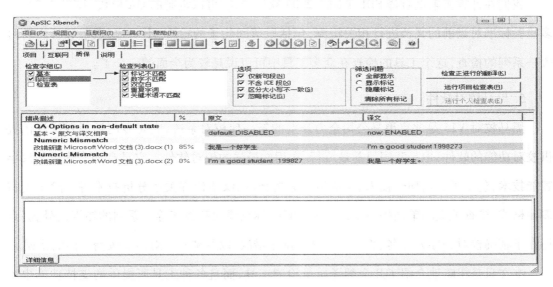

3. ErrorSpy

ErrorSpy 是 D.O.G.GmbH 开发的一款商业翻译 QA 软件，支持多国语言的译文检查。它可以辅助人工进行检测译文，评估译文质量并且生成报告和相关错误。QA 提供的相关项目有 Terminology（术语）、Consistency（一致性）、Number（数字）、Completeness（完整性）、Tag（标签）、Acronym（首字母缩略词）、Typography（排版）、Missing translations（漏译）。

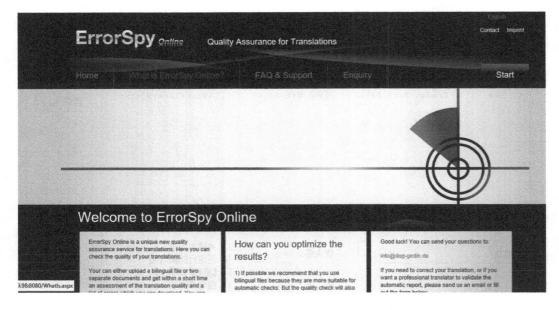

4. SDL Trados QA Checker

我们在计算机辅助翻译 SDL Trados 2009 软件中,有可以定制的 QA 模块,我们可使用许多检验标准对当前的文档进行相关检测,包括段落间句子的检查、不一致、数字和标点符号等一系列的检查,这个工具的检查在众多工具中可以说是较为全面的一个了。

5. 黑马校对软件

黑马校对 V15 是北京黑马公司全力开发的新一代校对系统,它是专门针对我国汉语提供校对功能的软件,也是我国目前最流行、实用性最强的校对软件。它具有许多优秀的汉字智能技术,包括了汉语切分技术、汉语语法分析技术、汉语依存关系分析技术等。除了支持多种格式、检查英文的单词拼写错误、语法错误、标点错误和数字等一系列的错误之外,亮点还在于精确校对领导人姓名、职务和领导人排序错误,以及精确校对涉及政治方向的错误。

本文只是粗略地介绍了几个翻译质量检测工具,而且各种工具所提供的支持功能也不尽相同,但在句段层面的错误、不一致性的错误、标点符号错误、数字检查,甚至于术语错误的一系列检查都是可以体现在翻译检查工具上。近几年来,随着翻译的需求和市场越来越大,各国也在不断地研发更加成熟和完善的翻译质量检测工具。

第四节　校　对

（一）人工校对

校对这一环节是出版前的重要步骤,为保证书刊的质量,必须把各种差错消除在书刊印刷出版之前。人工校对的主要步骤:(1)核查原稿件;(2)消除文本差错;(3)保证版面整齐、专业、规范,避免格式和字体、字号这种技术性错误。校对的方法多种多样,例如:折校法、对校法、读校法、接校法,等等。一般的校对过程会选择其中的一到两种使用。

人工校对与电脑校对相比,好处就在于人工校对有较强的错误检查能力,体现在核查文章的逻辑性、知识性错误、译文可操作性、文化差异性等方面。尤其在翻译时,对于汉语的语法模糊,逻辑的可操作性,只有人工校对能进行检查。

例:行百里者半九十。

Half of the people who have embarked on a one-hundred-mile journey may fall by the way side.

这里汉语的意思是说一百里的路程,走到九十里也只能算才开始一半而已。比喻做事越接近成功越困难,越要坚持到最后。而这里却译为:在百里的旅途中,有一半人会在途中放弃。显然已经与原本所隐含的意思背道而驰。因此,可以纠正为:Covering ninety miles is still half way to a one-hundred-mile journey。

如果说人工校对是智能校对,电脑软件校对就是机械校对,那么将两者进行适当的结合,在降低校对工作强度的同时也可以提高校对的质量和效率。

（二）校对流程

在对译文进行译后编辑时,校对的基本流程为:(1)人工校对;(2)Word 文档检查;(3)翻译质量检测工具;(4)人工校对。人工校对的第一步是查看内容有无明显的错误。第二步是查看有无西文空格、单词和的语法错误、格式错误等。第三步用电脑软件进行辅助检查,句段层面的错误、不一致性的错误、标点符号错误、数字检查等。第三步检查之后,将不确定对错的部分标记出来,进行最后一次的人工校对,如对于专业术语、目标语言文化差异、复杂语法相关方面的检查,同时弥补电脑软件的漏校。按此步骤,可基本保证一篇译文的质量和其准确性。

(三)本地化翻译和文档排版质量评估规范

1995年,本地化行业标准协会(简称LISA),发行了本地化翻译质量模型,最新版本为3.1版,意在考查核衡量译文质量的准确性、术语一致性和语言的精确性。为提高这个翻译模型的可操作性,LISA就以上三方面,将翻译中的错误划分为七种类型:地区和一致性、语言精确度、误译、语言、术语、类型;三个等级:严重错误、大错误和小错误。该模型也对字体格式、标点符号、文件名保存格式等翻译细节问题给出具体标准,在评价翻译质量时,在客户与翻译服务方协商一致的情况下,客户可依据该模型,对上面的七类问题评分,完成"及格与否"的表格。这一系列过程就使本地化流程有了质量保证,企业翻译产品更加规范。

在国内,中国翻译协会于2011年、2013年、2014年和2016年分别颁布了《本地化业务基本术语》《本地化服务报价规范》《本地化服务供应商选择规范》和《本地化翻译和文档排版质量评估规范》,为本地化行业发展提供翻译标准和规范。

《本地化翻译和文档排版质量评估规范》意在制定科学的翻译质量模型和文档排版规范,为服务方和客户提供一致的质量标准,并且这个翻译模型适用于本地化翻译和文档排版。同时,本规范具体定义了本地化翻译和排版的错误类型和严重级别,定义了翻译中犯错误的严重性,并就各种错误类别和严重性对整体翻译质量影响的具体程度设立规定,并列出相应质量扣分,对照错误类别、严重程度与所扣的分数,使用计算公式及质量等级对应表,计算出翻译质量得分,为服务商和客户提供了评估翻译和排版质量的指导性规范。《本地化翻译和文档排版质量评估规范》中的翻译和文档排版为本地化服务的重要内容,提供了评估翻译和排版质量的要求,列出具体质量得分公式及得分对应等级,确保本地化服务供应商的服务质量符合需求方要求。本地化服务需求方依照本地化服务行业规范选择价格合理、服务优质的本地化服务商,同时增进了对本地化服务及其供应商的了解,推动双方实现互利共赢、建立长久的合作伙伴关系。

结　语

翻译是一项综合能力要求极高的工作,不管是翻译前的准备工作,还是翻译过程中的技巧运用,抑或是译作完成后的翻译质量保证工作,这三个部分缺一不可。而一篇译作完成后,并不算圆满的结束,只有通过遵循译后编辑原则、运用翻译质量检测工具对译作进行错误检测,并结合人工与机器校对两种手段对译作进行互补性校对,避免漏校,最终才算得上是高质量的完美译作。

翻译译文标准与服务标准的建立给了我们很大的启示,可以共同促进国内翻译行业发展科学有序,促进翻译行业的标准化和规范化建设。

设有翻译专业的高校可以将翻译规范的内容纳入教学课程,使学生掌握翻译和文档排版知识,熟悉本地化行业服务流程和规范,学习本地化翻译方法与技术,提高学生从事本地化翻译的能力,提高学生对翻译市场和翻译行业,以及自己将来可能从事的翻译职业的正确认识,培养专业的翻译人才。

课后练习

1. 简述国内外学者提出的翻译标准和理论。

2. 简述国内外翻译服务的标准以及异同。

3. 为了更好地服务客户,翻译时需要从客户那里获取哪些的信息?

4. 对翻译后译文的校对流程进行简单描述。

5. 除了 ApSICXbench 外,列举一些其他的翻译校对软件并简述其功能。

参考文献

[1] 陈善伟. 翻译科技新视野[M]. 北京:清华大学出版社,2014.

[2] 崔启亮,胡一鸣. 翻译与本地化工程技术实践[M]. 北京:北京大学出版社,2011.

[3] 冯志伟. 机器翻译研究[M]. 北京:中国对外翻译出版公司,2004.

[4] 胡壮麟. 语篇的衔接与连贯[M]. 上海:上海外语教育出版社,1994.

[5] 胡壮麟. 语言学教程[M]. 北京:北京大学出版社,2001.

[6] 李玉陈. 句法与翻译 [M]. 东营:石油大学出版社,2004.

[7] 孙懿华. 法律语言学[M]. 湖南:湖南人民出版社,2007.

[8] 谭载喜. 西方翻译简史[M]. 北京:商务印书馆,2004.

[9] 王华树,张政. 翻译项目中的术语管理研究[J]. 上海翻译,2004(04):64-69.

[10] 王寅. 语义理论与语言教学[M]. 上海:上海外语教育出版社,2001.

[11] 吴松林. 计算机辅助翻译谈[J]. 经济技术协作信息,2005(23):65-65.

[12] 张汉熙,王立礼. 高级英语2[M]. 北京:外语教学与研究出版社,2011.

[13] 张霄军,王华树,吴薇薇. 计算机辅助翻译理论与实践[M]. 西安:陕西师范大学出版社,2013.

[14] 张政. 计算机翻译研究[M]. 北京:清华大学出版社,2006.

[15] Austin, J. L. How to do things with words [M]. Oxford:Oxford University Press, 1995.

[16] Bowker, L. Computer-aided Translation Technology: A Practical Introduction[M]. Ottawa: University of Ottawa Press, 2002.

[17] Catford, J. C. A linguistic theory of translation [M]. London: Oxford University Press, 1965.

[18] Hutchins, W. John. Machine Translation: Past, Present, Future[M]. Chichester: Ellis Horwood, 1986.

[19] Mellinkoff, D. The language of the law [M]. Boston: Little, Brown & Company, 1963.

[20] Newmark, Peter. A Textbook of Translation [M]. Upper Saddle River: Prentice Hall, 1987.

[21] Nida, Eugene A. and Charles R. Taber. The Theory and Practice of Translation [M]. E. J. Bill, The Netherlands, 2004.